草色入帘青

徐红燕——著

[日] 毛利梅园——绘

上海科技教育出版社

草草春风又一年

　　野火烧不尽，春风吹又生，是中国人耳熟能详的诗句。虽然诗人偶尔也热情赞美草之生命力，更多时候，它却是最为卑贱深为人类所嫌弃的物种。究其原因，人类认为它们无用，或者认为它们的存在弊大于利。总而言之，凡是挡我道者，皆可药杀可火烧可斩草除根。这是利己主义的人类，以万物灵长的架势，向野间杂草做出的攻击态度。

　　然而，如果人类拥有童话里的仙女棒，随意一挥，地球上所有于人无益的草皆消失不见，这个世界将会呈现怎样一副表情？当除去庞杂博大的绿色物种的覆盖，露出五色土壤，难道真的还会美丽依旧？也许，等到失去这些原野之上的绿色生命，春天变成寂静的春天，人类或许就会幡然悔悟：原来春风吹又生的后面，是碧草萋萋才能造就的"远芳侵古道，晴翠接荒城"。

　　纵然人类可能是世间最为聪明的物种，但有时植物还是会占据上风。福岛、切尔诺贝利，这两个名字，或许已经说明，当天灾人祸达到人类无法掌控的领域，人烟散尽后，最终能在人类无法存活的土壤上弥漫出无限生机、绿意盎然的，反而是无名野草。草，俨然就是空间的领主，是地球上的王。

天涯何处无芳草，所谓的野草杂草，并非仅仅生存于荒无人烟之处。它们随风旅游，借助鸟兽甚至人类远行，它们才是生命力最为顽强的族群。在繁华都市，不管人类如何精心营造人工花境或园林，如何安排园艺工人对闲杂野草杀伐不已，野生植物还是会不期而至，自行造访。如果你有心而看见了，你就有福了。

比如，在华南城市里平整的人工草坪上，美冠兰、绶草和线柱兰，这三种野生兰科植物往往会不请自来，给爱植物的有心人以意外惊喜。据说，在华东，也有不同版本的草坪三宝：绶草、老鸦瓣、猫爪草。那么，在你所在的城市里，当春风花草香之时，草坪上又会长出什么样子的小草，开出什么颜色的花朵？

不如，学会去欣赏造物恩赐给地球的这些绿色的生命。毕竟，当春天到来，有了草，才会有陌上花开，才会百草千花寒食路，才会草草春风又一年，绿了人间。

德芭与彩虹®书店

better world
better life

目 录

苔痕上阶绿

草色入帘青

细草危桥一径斜，柴门高柳是谁家。

蕨蒌麦饭无余事，闲看溪边桔梗花。

〔清〕缪公恩《山村》

桔 梗

Platycodon grandiflorus

桔梗科 / 桔梗属

桔梗开于野际的那一抹蓝紫，

蕾鼓僧帽，花泛星光，枝悬铃铛。

一朵桔梗花

桔梗，与橘（俗作桔）树没有关系，因为桔梗之桔，并不念"局"音，而念"洁"音。在东亚三国，桔梗一草分饰三角：中国人拿它入药，桔梗作汤良可沃；韩国人以它为肴，嫩根刨丝制泡菜；日本人看它如花，秋风旷野，一丛蓝紫，无言诉说着永生不变的爱。

因为日本动画的缘故，桔梗这个词，在中国，往往会触动不同年龄层不同的动漫记忆，引发会心一笑或叹息落泪。七〇后的脑袋里大抵装着总与聪明的一休为难的桔梗店老板，而九〇后的记忆里也许却是白衣红裳的悲情巫女桔梗。

尽管在许多日式故事里，它演绎着永恒却令人悲伤的爱，但在爱花客心中，桔梗却是简单明艳的植物：它就是一朵可爱美丽的花，含苞时脸颊圆圆鼓鼓，如僧帽似包袱，也如英文名 balloon flower 那般，仿佛一个饱满的小气球。

切花花材常有洋桔梗，多一洋字，差以千里。桔梗其实是桔梗属的独生女，并无姐妹，且原生之地主要为亚洲，土生土长，并无海外亲属。龙胆科的洋桔梗（*Eustoma grandiflorum*）与桔梗完全无关，称它为草原龙胆更为适当。洋桔梗之名，由来与日本人有关，大概因为他们太爱桔梗，所以爱屋及乌，就将桔梗二字给了同样受他们喜爱的草原龙胆，称之为土耳其桔梗，到了中国，它就顺理成章成了洋桔梗。

若买花之人但知洋不知土，或以洋代土，还真是会让人替桔梗感到委屈：桔梗开于野际的那一抹蓝紫，蕾鼓僧帽，花泛星光，枝悬铃铛，动人之处并不输于洋桔梗。

治愈系龙胆

中国是龙胆大国，龙胆属四百余种，中国拥有半数以上。喜生高山地带的龙胆，在人迹罕至的西南高地、野外林际、草丛岩隙，随处可见。它们绿遍山原，花满芳甸，将萼筒五裂的蓝紫色铃铎或小喇叭，在山道上悠然摇响。可是，在人潮汹涌的繁华都市，二百余种龙胆收迹敛形，不见踪影，鲜为人知。

人有人的领地，草有草的圣域，这一点，仿佛已成野花闲草的共识。不然，它们何以只在少有人行的野地才肯才能铺地织锦，绣出一地斑斓锦被？龙胆绣成的被面，青碧的底上晕着深深浅浅的蓝、淡淡浓浓的紫，偶尔才有清清的白、淡淡的粉，是幽朴的冷色，轻愁的蓝调。纵使它自在无忧地开在高原阳光下，似也带着一分苦涩，如同它苦过龙胆的根一般。

所以，龙胆的花语之一是：爱上忧伤的你。是爱上"忧伤的你"，还是"爱上忧伤"的你？不得而知，反正无论怎样断句，都很忧伤。

虽然龙胆很忧伤，但是其根入药，据说可治忧伤导致的肝郁。想来，草木的根系，动物的胆囊，人类的忧伤，均为苦物，实属同类。

杨绛说："悲痛是不能对抗的，只能逃避。"也许，悲痛也是可以对抗的，因为天地之间还有花。相信植物吧，毕竟它们都是治愈系，在最痛苦的时候，播花种草，或者去户外赏花观草，去看看有着苦涩根系的龙胆，是如何在不能移动无法逃避的生存环境下，开出了美丽的花。也许，人类的痛楚会得到纾解，忧伤的心灵能得到拯救。

给我一枝龙胆花，给我一支火炬！

让我用这枝花那蓝色

分岔的火炬给自己引路。

[英] 劳伦斯《巴伐利亚龙胆花》（节选）

龙 胆
Gentiana scabra
龙胆科 / 龙胆属

铃儿草沙参

夏秋之际，身为桔梗科植物的沙参，也如桔梗一般，筒状花萼纷纷绽开笑口，欣欣然于草丛中挂出一串串淡蓝沁紫小铃铛，加入摇着蓝紫色铃铛的花朵军团，让人们疲于分辨谁是沙参谁为荠苨而谁又名桔梗……

沙参虽是野草，却自刚直不阿，它拉丁学名中的种加词 *Stricta* 一词，意为直立的、僵硬的。沙参确是如此，小小的草茎并不分枝，一枝直上，高近一米，花开时那一串铃铛花儿，高处不胜风，无风只怕也会自摇，风过处自然更是舞影零乱，摇曳生姿。可惜，是一串哑巴风铃，纵使疾风劲吹也无法发出声响。

好在，它身后还有庞大而无声的铃铛花系大军，大家都一样，不是解语花，亦非能言草。既然生而为草木，又何必强行跨越物种阻隔，硬要学那铃儿响叮当，风吹不响就不响吧，铃铛花军团才不会在意人类无聊的奚落，春来秋去自在开落，便已成就身为植物最大的圆满。

沙参作为药材或药膳食材出现时，英文名异常冗长：the root of straight lady bell。若不求达雅只是直译，即：直立的淑女铃儿草之根。沙参虽为药材，因具滋阴润肺养肾之效，亦常入膳，喜煲汤的广府群众对它尤其熟悉。广式各类靓汤如沙参玉竹汤、沙参麦冬汤……它都作为重要角色出演。

只不过，将沙参根系烹煮饮食的人们，往往只认识其片状或条形的白色块根，却未必认得出它那澄澈迷人的蓝紫色花朵。它那临风无声欢唱着的美丽又轻盈的小铃铛，终究不属于人群，而属于蓝天绿野和它自己。

6

沙参，出寿阳，色白，生沙地，故名。一名铃儿草，

象花形也，诗曰风吹不响铃儿草。

〔清〕觉罗石麟《四库全书·山西通志》（节选）

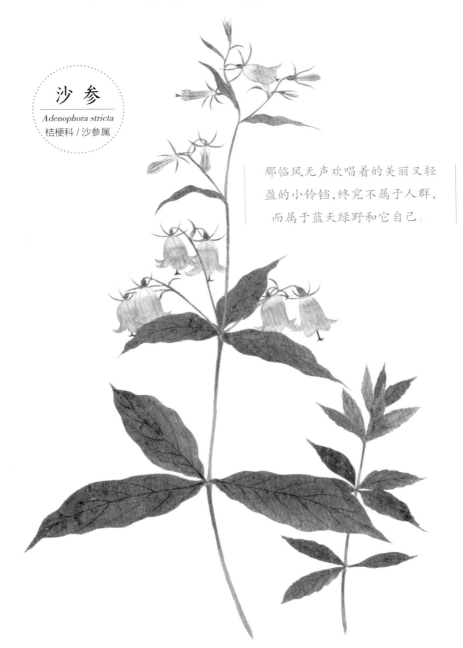

沙参
Adenophora stricta
桔梗科 / 沙参属

那临风无声欢唱着的美丽又轻
盈的小铃铛, 终究不属于人群,
而属于蓝天绿野和它自己。

染得茜草红

拾得红茜草，染就石榴裙。茜草、蓼蓝、栀子，原是古中国最早应用的草木染材料。《史记·货殖列传》提及"若千亩卮茜"，作为染料作物，卮和茜在汉代已广为栽培。到得清朝，文士索性写诗为它声援：蓬麻茜草能成锦，何必田园定种桑。

古人为《诗经》作注，以为"东门之埠，茹藘在阪""缟衣茹藘，聊可与娱"中的茹藘即为茜草："茅蒐，一名茜，可以染绛。"此说，后人有信之不疑者，也有持异议者，认为既有茹藘何必再造茜字，且茜字从草从西，当是外来之物。

《毛诗正义》所引的茅蒐，是茜草的别名之一。茜草别名多达百余种，个中不乏张冠李戴之辈，徒增名物匹配之混乱而已。中有一名为蒨草，应是因与茜草同音而误写。

茜字虽从草从西，却不宜只念半边读作西字。《说文解字》写"从草西声，仓见切"，按反切注音来看，古音实同"倩"。

茜草花小，淡黄近白，毫不起眼。如因它能染成深红色，就想当然地以为它如凤仙花一般花开红色，那就错了。茜草之红，源自其根，佐以媒染剂，方可染出浓淡不同的绛赤绯红，才能裁成茜袖、茜衫、茜罗裙。

清人傅恒《皇清职贡图》载广西怀远苗人妇女"喜以茜草染齿使红，以示丽"。古日本妇女因敷粉太过，面白似雪，衬得牙黄，反而不美，故喜染黑齿以掩盖之。清之苗女染红齿，虽不知是否也有类似考虑，也算是非常有特色的地域文化。

日出望车尘，徘徊至日曛。
拾得红茜草，染就石榴裙。

〔明〕张时彻《子夜四时歌》

茜草

Rubia cordifolia

茜草科 / 茜草属

《说文解字》写"从
草西声，仓见切"，
按反切注音来看，
古音实同"倩"。

9

荇菜风牵碧

荇菜，是《诗经》名篇里那个左右流之、采之、芼之的参差荇菜，也许也是徐志摩《再别康桥》里油油的在水底招摇的软泥上的青荇。

流之采之，不如食之。唐人夏日待友，餐桌之上，除却春盘擘紫虾，冰鲤斫银鲙，尚有荷梗白玉香，荇菜青丝脆。可见旧时荇菜也是一种上得台面可以拿来招待客人的优秀食材。今日世人，早已弃荇菜如旧履，改为食用与它长得颇为相似却非亲非故的睡莲科植物莼菜，毕竟莼鲈之思大名鼎鼎，怨不得人类趋之若鹜，舍荇取莼。荇菜于是从人类口下取得自由，却仍难逃食物链的诅咒，依旧是家禽大快朵颐的绿色水蔬。

荇带苔钱如许深。荇菜小叶如钱，卵圆形，一如缩微的睡莲，只是更为小巧别致，革质深翠如有蜡光，池中浮游，半塘青碧，水荇牵风翠带长，是一池清波上的极佳点缀。荇菜花期长，能自晚春四月开至晚秋十月，只要阳光明媚，猗猗水荇织就的重重翠带上就会荡漾出金花点点。如逢阴雨天，性喜阳光的荇花就会无情地谢绝表演，依旧还池塘一池青绿。

在中国因有《诗经》加持，荇菜平添几分诗意。但若比较中英日三名，中文荇菜二字便相对乏善可陈。日文名浅沙颇有几分古意雅趣，引人遐思，得名之由来，一因绽于浅水边，一因清晨即盛开。

至于英文名 floating heart，在西方人眼里，大概漫湖满塘的荇菜，均是失魂落魄不知归向何处的心。

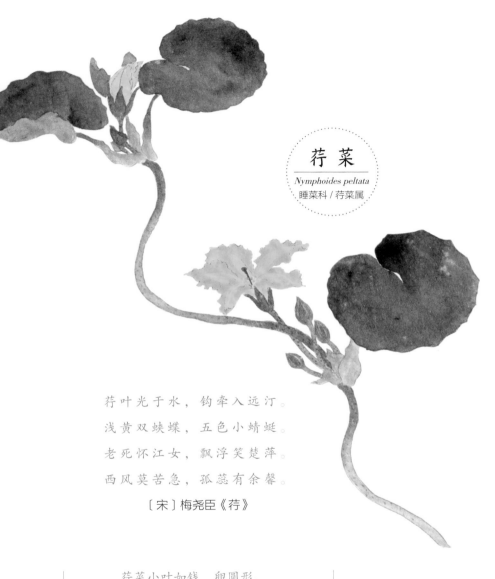

荇 菜

Nymphoides peltata

睡菜科 / 荇菜属

荇叶光于水，钓牵入远汀。

浅黄双蛱蝶，五色小蜻蜓。

老死怀江女，飘浮笑楚萍。

西风莫苦急，孤蕊有余馨。

〔宋〕梅尧臣《荇》

荇菜小叶如钱，卵圆形，

小巧别致，革质深翠如有蜡光，

池中浮游，半塘青碧，水荇牵风翠带长，

是一池清波上的极佳点缀。

在衣衫印上秧田里的雨久花，如此熟悉又寻常，为何依旧喜爱它。

[日]《万叶集·东歌》（节选）

雨久花
Monochoria korsakowii
雨久花科／雨久花属

雨久花，佳名配上实物，
一池清水，半塘绿植，
碧叶莹莹，蓝花袅袅，
便具十二分的诗情画意。

水生直立植物的花朵往往具空灵之美，一枝亭亭，昂然立于水中，凛然不可侵犯，如为蓝紫色系，更有敛尽艳光幽居静处之效。雨久花即如是。

雨久本来可憎，雨久则苦雨，梅雨季节淅淅沥沥没完没了，天潮地湿，物霉衣臭，往往久雨渴晴。但加一花字就能化腐朽为神奇，自带着三分诗意。拍一张雨久花图，佳名配上实物，一池清水，半塘绿植，碧叶莹莹，蓝花袅袅，便具十二分的诗情画意。

许多人知晓雨久花之名，乃因近年颇受欢迎的日本电影《小森林》。其实明眼人看片便知，这只是一场阴差阳错的误会，片中被采来食用的植物生于溪岸之上，并非水生直立的雨久花。原是字幕翻译出错，将大伞楼梯草（*Elatostema umbellatum*，日文名：水菜）误译成雨久花（*Monochoria korsakowii*，日文名：水葵）。

身为一科之长，雨久花可谓低调，都市人大概只能去城中植物园一访才能得见芳踪。它的科室之内有个臭名昭著的下属：浮游水中的水葫芦。水葫芦的中文名同雨久花一般动听：凤眼蓝。花也如雨久花一般美丽，淡粉紫色花朵上有蓝纹如凤眼。正因美色过花，才被众国争相引进，不料繁殖力太强，得势便猖狂，铺湖盖河堵塞水路，一度深被嫌弃，成为入侵害草，从观赏花卉沦为了猪饲料。

相比于凤眼蓝，土生土产的雨久花更有分寸、更懂礼貌，绝不胡乱攻城略地，也因如此，它的美丽才一直潜藏于民间，知名度远不如嚣张的凤眼蓝。

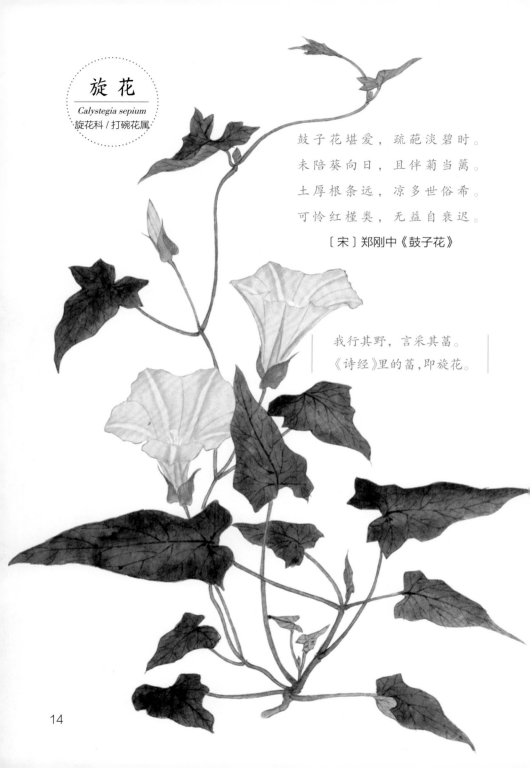

旋花

Calystegia sepium

旋花科 / 打碗花属

鼓子花堪爱，疏葩淡碧时。
未陪葵向日，且伴菊当篱。
土厚根条远，凉多世俗希。
可怜红槿类，无益自衰迟。

〔宋〕郑刚中《鼓子花》

我行其野，言采其葍。
《诗经》里的葍，即旋花。

14

旋花虽然名气比不上牵牛花，但在植物学系统里，它却爬到牵牛头上，身居高位，成为牵牛所属的旋花科科长。若问牵牛与旋花究竟有何差异，肯定得找个植物学者来一场图文并茂的鉴别解说才能听个明白。民间百姓倒很会省事，管它花大花小，色蓝色粉，但凡牵藤引蔓吹起满枝喇叭的植物，一概称之为喇叭花。

旋花虽当了科长，却又要臣服于一属之主打碗花名下。打碗花（*Calystegia hederacea*）因为名字清奇，知名度反而又胜过旋花。若论两者之别，区分难度远大于牵牛与旋花，不辨也罢。反正旋花又叫篱打碗，打碗花又称小旋花，你中有我，我中有你，难解难分。

我行其野，言采其葍。《诗经》里的葍，即旋花。赞它们可爱的都是闲人，农民视它们如仇。为何？以旋花为例，自古就是出了名的"最难锄，艾治之，又生"，在没有农药类生化武器的古代，旋花可是替农人增加了不少工作量。

四体不勤的文人一边帮农人嫌弃，一边又忘不了赞美。赞，是因旋花有"一种千叶者，俗呼为缠枝牡丹"，说它"柔枝倚附而生花，有牡丹态度。甚小，缠缚小屏，花开烂然，亦有雅趣"。所谓千叶，即是重瓣。重瓣旋花，大概已经不再是清清爽爽的小喇叭，且据今日学者所言，它并非旋花，而是同属的毛打碗花的变种。

旋花虽小虽野，亦有霸气名字：因叶形似剑，藤生篱落，故有别名为篱天剑。古人认为旋花花朵顶幔如缸鼓，更喜称它为鼓子花。许多人赞赏牵牛花的日文名"朝颜"，其实旋花的日文名也与牵牛花同系列，是为"昼颜"。

沿阶草离离

放眼望去，麦冬、沿阶草、山麦冬，分明都长着相同的脸：春生长叶如带，夏来一茎紫花，秋际满丛佳果。多年生，四季青，冬春碧叶流翠书带离离，盛夏紫花泛白花茎亭亭，金秋圆果溢光垂实累累，一年三百六十五日，天天都是林下路畔的一处风景，叫人赞赏不已，更让人因难于分辨而无比纠结，不知以何名相称为是。

三者之异，差别细微。沿阶草属的麦冬和沿阶草，外形区别仅在于沿阶草更为细长，对植物学门外汉来说，简直无从辨认。古时或今之民间，沿阶草与麦冬基本是混淆的。它们还共用一堆名字：麦门冬、阶前草、书带草、绣墩草等。

被划分到山麦冬属的山麦冬，虽然在古代已完全与麦冬融为一体，在现代要与沿阶草属的亲戚相区别，倒还有迹可循。

沿阶草和麦冬的花朵，花梗下垂，花朵俯首向地，花葶花序花丝相对较短；而山麦冬花梗直立，花朵仰头向天，花葶花序花丝相对较长。此外，一般而言，沿阶草、麦冬的果实是明亮耀眼的宝蓝，山麦冬果实则是暗蓝偏紫的紫黑。

但是，果实颜色不能成为绝对标准，因沿阶草属植物也有熟果偏紫黑的品种。

三者的一堆名字中，麦冬自带药香，沿阶草颇富野趣，书带草最具雅意。书带草入诗，句句皆是文人以之自喻借之明志：田田君子花，藉籍书带草；庭下满生书带草，胸中宜吐笔头花；满阶只种书带草，黄金非宝书为宝……是以，古时庭院中阶除下小径旁，亦一如今日，遍植沿阶草山麦冬，以取草趣，以成花境，以抒胸臆。

庭下满生书带草，
胸中宜吐笔头花。

沿阶草软翠流长，境静蒲荷觉更香。

清坐小亭丛竹近，暂停团扇受风凉。

〔宋〕陈鉴之《同倪善之纳凉寿芳》

沿阶草

Ophiopogon bodinieri

天门冬科 / 沿阶草属

油点草，叶似著达，每叶上有黑点相对。

〔唐〕段成式《酉阳杂俎》

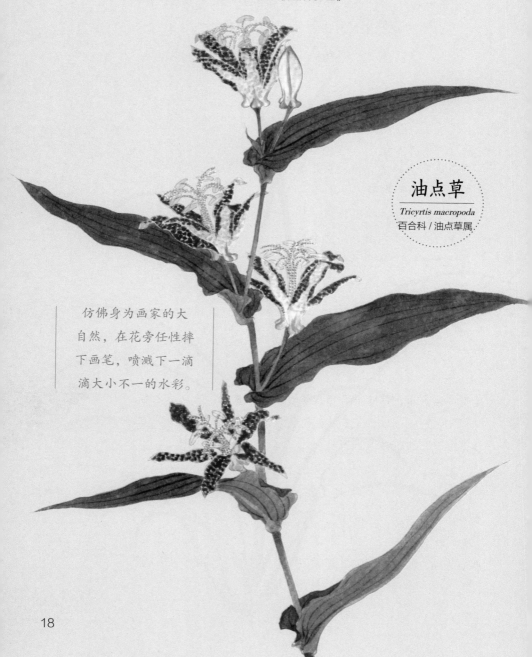

油点草
Tricyrtis macropoda
百合科 / 油点草属

仿佛身为画家的大自然，在花旁任性摔下画笔，喷溅下一滴滴大小不一的水彩。

纵有花香，油点草依旧是一棵无人知道的小草。人类中的绝大多数，终生都难以与油点草的花朵结下一面之缘。除非，恰行郊外，正值花期，而陌上刚好有一株油点草住在人脚步行经之处，不早不晚吸引住人的视线。

就算缘悭一面，若肯细看油点草的图片，便能发现它有着不逊于观赏花卉的精致花朵，花形别致，造型精巧。细长翻卷的白色花片和中立弯垂的花丝上，洒满星星点点的紫斑，仿佛身为画家的大自然，在花旁任性摔下画笔，喷溅下一滴滴大小不一的水彩。

只是，图片往往会欺骗，特写尤其会放大物体的尺寸。如若亲见油点草实物，不免会暗生一丝失望：原来它美丽的花朵竟是如此纤小！这也许就是它流连山野难入庭院的答案。

看它小花纤纤，谁又能想到油点草竟然属于百合科，和花大清丽、芬芳袭人的百合竟是远亲。其实，油点草矩圆披针形的叶片、六瓣卷翘的花片，都与百合有着三分相似。它那点点紫斑，更与艳名远播的药百合如出一辙。

在书上写下油点草之名的第一人，或许是唐人段成式。他说：油点草，每叶上有黑点相对。在他看来，油点草之名，不因花上斑点而来，而因叶上黑点而起。观察油点草属内诸种，花斑常在，叶上却并非都有斑点，可知因叶命名未必是正解。

油点草，在中国至今仍蛰伏于野外林阴中，在日本倒很受欢迎。它在日本被唤为杜鹃草，因日本人认为花上斑点类似于杜鹃鸟胸前斑纹。相形之下，西方人对油点草实在太不客气，竟命名为 toad lily（蟾蜍百合）。再怎么看，油点草花朵上那些斑斓紫点，即使不认为很美丽，也不至于觉得像癞蛤蟆吧。

斑斑油点草

贝母花哆哆

在中国人的记忆里，贝母总与枇杷组队出现，以川贝枇杷露的形态，成为肺热咳嗽时咽喉的一丝清甜一份慰藉。在崇尚药膳食疗的现代餐桌上，贝母炖梨、贝母猪肺汤也时见踪影。

在药材的世界里，贝母的身份并非整齐划一，它们因产地相异被冠上了川浙皖伊的姓氏，据说功效也因之有所差异，顺理成章，身价也各自不同，据说川贝母至贵。而最廉价的土贝母其实是葫芦科乱入的假贝母属植物，并不是真正的贝母。

这种在《诗经》时代就存在的百合科植物，如百合一般，生着圆锥形的地下鳞茎，"形似聚贝子"，从而得名贝母。它一直颇受人类青睐，《尔雅》《广雅》《说文解字》均有它的词条。别名有很多，曰苗曰药实，但最响亮的仍是贝母。直到身价最高的川贝母，以简称川贝压倒了贝母的名号。

贝母花哆哆，龙葵叶团团。如人类有幸看到贝母的花朵，往往会油然而生这样的感觉：贝母，分明是被药材耽误了的观赏花卉。若说同科的百合是端庄优雅的大家闺秀，贝母则是婀娜可爱的小家碧玉，虽不美艳，却也纤丽秀巧，它的花朵原是不应该被世人忽视的美丽存在。

贝母属植物的花朵，有着六瓣花被片，拢成俯垂的钟形，无论垂钟是大是小，均颔首低眉楚楚动人。不同种之间花色花形略异。浙贝母浅黄带绿，内侧紫斑勾连成网，清新淡雅。川贝母花片狭长合抱如茧，轻灵飘逸。暗紫贝母的深紫或浅或深，美貌出众。黑贝母不需要园艺家费心培育，开着罕见的魅惑黑花，西方人称为 black lily，日本则将之提升到百合的地位，直译为黑百合。

贝母阶前蔓百寻,
双桐盘绕叶森森。
刚强顾我蹉跎甚,
时欲低柔惊寸心。

〔西晋〕张载《贝母》

浙贝母
Fritillaria thunbergii
百合科 / 贝母属

吉祥草
Reineckea carnea
天门冬科 / 吉祥草属

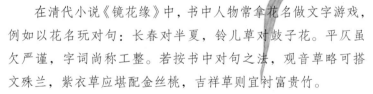

嫩叶暗青云，幽花分紫绶。不改阶前霜雪姿，此意君知否。
入坐眼生明，小算人同寿。南华瑞霭绿云铺，白石和悠久。

〔明〕高濂《卜算子·吉祥草》

天授吉祥草

在清代小说《镜花缘》中，书中人物常拿花名做文字游戏，例如以花名玩对句：长春对半夏，铃儿草对鼓子花。平仄虽欠严谨，字词尚称工整。若按书中对句之法，观音草略可搭文殊兰，紫衣草应堪配金丝桃，吉祥草则宜衬富贵竹。

在佛教徒眼中，吉祥草可不能等闲视之，因佛教传说它是释迦佛成道时吉祥童子所献之草，《华严经》里也有句"往诣道场菩提树下，坐吉祥草，降伏魔军，成阿耨多罗三藐三菩提"。吉祥草从而既得佳名护体又有佛光加持。

即使抛弃佳名敛尽佛光，纯以植物身份行走世间，吉祥草仍是一棵无比优秀的草。身为吉祥草属独此一种的独生子，多年生，株常绿，绕砌青青耐雪霜，叶如罗带流碧光，花似兰芽串红香，花叶兼美，实非一般的闲花野草可比。

多年生，株常绿，绕砌青青耐雪霜，
叶如罗带流碧光，花似兰芽串红香，
花叶兼美，实非一般的闲花野草可比。

就外形看来，吉祥草与已划归天门冬科的山麦冬、沿阶草略为相似，但差异也很明显。如说后两者叶细如书带，则吉祥草叶阔似衣带。它的穗状花序，含苞时满穗茜绯，花开后淡粉披红，也更为温煦明丽。三者同样垂实累累，挂着小如圆珠若有光流动其间的精巧浆果，果色却各有差别：沿阶草蓝似青金石，山麦冬仿若黑珍珠，吉祥草赤如红玛瑙。

山麦冬、沿阶草多为绿植，沿阶而生。吉祥草不仅会被人们"借好畡、墙阴亲拗"植于庭院，也因植株优美，叶翠花秀，红果堪赏，名字又带着好彩头，常有机会登堂入户成为盆栽爱草，四季不断地输送碧叶红花赤果，让养花人观之即心花怒放，亦令满室日日生春。

归家的路上，野百合站着 / 谷间，

虹搁着 / 风吹动 / 一枝枝的野百合便走上软软的虹桥 / 便跟着我，

闪着她们好看的腰。

〔当代〕郑愁予《北峰上》（节选）

荞麦叶大百合
Cardiocrinum cathayanum
百合科 / 大百合属

人类的命名学系统，似乎喜欢用大字作为点缀，大上海，大和民族，大韩民国，大不列颠王国。不管这个大字是否名副其实，单论形而上的精气神，只需加一个大字，顿觉气壮山河、声势十足。

大百合之大，是针对百合而言。但这个大字，并不是形容词，不是大的百合，而是与百合两字合体组成的三字一体的专用名词，专指大百合属原生三种一变种。

与清丽无匹仙气十足的白百合相比，大百合实在大得近乎粗豪，植株高大过人，茎干粗壮如棍，大叶舒展似扇。若未到花期便与之相见，单看株茎叶，绝难想象它竟是能以百合二字入名的植物。

要等到花开时节，才会发现大百合属植物只有花朵与百合尚有着五分相似，也是六瓣花被片，亦有馥郁清

大百合独开已然威风凛凛，若在山地里群开一片，则气势逼人。

香，花色基本为白而内常带紫纹，不同于百合花的别致飞扬，大百合花冠狭窄，更如一只长柄细口的喇叭或者军号。

大百合独开已然威风凛凛，若在山地里群开一片，则气势逼人，实在难以将它视如幽谷百合式的佳人。看来看去，它都好似气势昂扬的杨门女将，时刻准备吹起军号，冲锋陷阵。

许是因为开出那么一大串壮丽的花朵，费尽了所有力气，花序抽出之后，大百合膨如鳞茎的基生叶往往随即凋零，日本人见而产生毫不美好的联想，认为无叶类于无齿，于是大百合便只得沧桑地以"姥百合"之名活在日语世界里。不过，以大百合的性子，即便是姥，只怕也是虎老雄心在、挂帅出征的佘太君，风范不减。

凛凛大百合

叶细浑疑竹，丛轻却象花。

果然能辟谷，谁不护萌芽。

〔宋〕洪适《杂咏下·黄精》

黄精肥可食

太阳之草，名曰黄精，饵而食之，可以长生。在古人眼中，黄精乃黄土之精华，是仙人之余粮，服之岁月久，衰羸返童颜，不仅可以延年益寿，还能白发转黑。

对于总在饿肚子的杜甫来说，黄精能不能养生并不重要，重要的是且觅黄精与疗饥。三餐不继之时，老杜不仅岁拾橡栗随狙公，学猴子捡拾野果，更身负长镵遍野搜寻黄精的踪迹，奈何黄精无苗山雪盛，空手而归。不仅不能如牧童一般饱采黄精归不饭，倒骑黄犊笛横吹，还白白成就了一个挨饿的典故，被后人刘克庄拿来毫不同情地谈笑：雪厄黄精饥杜二。

民以食为天，吃饱本是人生头等大事。叶如披针形的黄精，原是实打实的救穷之物、救荒本草。对于终生都在书写饥饿的杜甫而言，山中野菜不须钱，紫笋黄精满路边，应该才是他最想看到的景象。但令黄精熟，尽应充食饮，何惧白发生，不虑韶光迟。填饱了肚子，才能了却生活中最大的烦恼，才

黄精

Polygonatum sibiricum

天门冬科 / 黄精属

太阳之草,名曰黄精,
饵而食之,可以长生。

有力气去悲白发叹流年。

　　人生世间,烦恼三千,其实万病之因也许皆源于世事牵绊、身疲心累。黄精之所以被附会成仙人余粮,大抵是因那些抛弃红尘隐居山间的所谓仙人,割断尘缘心安神定,能够以闲散淡泊之心,松花酒后黄精饭,卧看青山到夕阳,故而才能活得貌似简单实则富足。这一点,长寿的陆游可看得清楚明白:静观世事付一默,扫空白发非黄精。黄精虽可健体,但人生快乐与否,却全凭内心一点清念了。

萎蕤，本草一名女萎，一名荧，

　一名地节，一名玉竹……

苗高一二尺，茎斑，叶似竹叶，

阔短而肥厚，叶尖处有黄点。

〔明〕朱橚《救荒本草》（节选）

玉 竹

Polygonatum odoratum

天门冬科 / 黄精属

玉竹之姿态，确实与萎蕤相称，

既绿意盎然，生机丰茂，

又弱花纤纤，单薄动人。

玉
竹
叶
葳
蕤

　　玉竹大概是黄精属最美丽的植物，只是如同黄精一般，它未入园艺之门，不以美丽传世，仅存于药草之圃，不靠脸吃饭，而以根侍人。

　　玉竹与黄精，均为知名药材，同开青白色铃铛形花朵，绿叶葳蕤，白花垂铃如璎珞，依稀有铃兰清新之风。两者同属异种，相似之处极多，细观则有不同，最大差别在茎叶。玉竹叶大宽阔而错落互生，丰盈光泽，葱茏优美；而黄精叶相对轮生如披针，形类竹叶，风致稍逊。从叶形看，其实黄精更似竹，但玉竹得名却与叶无关，是因为茎秆如竹一般生有节。

　　黄精肥可食，玉竹也不逊色。古中国人以黄精玉竹入肴，食的是根茎。明代《救荒本草》里便记载"救饥，采根换水煮极熟，食之"。日本人食用玉竹与中国相异，虽然他们将玉竹命名为甘野老，认为它的根茎比山萆薢（日文名：野老）更为甘甜，但作为菜肴食用的却是玉竹的初生嫩茎，据说口感清脆味道甘甜，滋味与它天门冬科的远亲石刁柏（俗名：芦笋）有三分相似。

　　葳蕤，是玉竹的古称。葳蕤词义，既可指草木茂盛的样子，也用于形容柔弱柔软。玉竹之姿态，确实与葳蕤相称，既绿意盎然，生机丰茂，又弱花纤纤，单薄动人。

　　西方人扶起黄精属植物低垂的小小铃铛，令花心向上，发现花冠常常浅裂为六片，有如所罗门王的六芒星魔法阵，于是给它们一个充满魔幻色彩的名字：Solomon's seal（所罗门的封印）。这个气场十足的英文名译为中文时常被安放于不同的黄精属植物身上，或指黄精或指玉竹。用在谁身上都好，毕竟大家都一样挂着闪着六芒星光的绿白色小铃铛。

29

风兰舞幽香

在中文语境里，风这个字有时候往往等同于美，等同于一种不可言说的迷离、飘忽、美好或潇洒，譬如风花雪月、风流云散……甚至连沿袭汉字系统的日语亦如是，例如风姿花传。

或许因为风兰这个词太富画面感太能引人浮想联翩，所以许多另有其名的兰科植物往往也被钟爱它们的人类称呼为风兰，以形容或赞叹它们花距长长、风中轻舞的飘逸模样。

只是，在植物的中文名系统里，以风兰为名的植物仅有风兰属原生两种，仅产于东亚，一为风兰，一为短距风兰，且后者据说原本仅见于中国。

一朵风兰好，空生不作趺。风兰真的是生于风中，凌空而开。身为附生兰，它钟情寄居于高树乔木之上或幽邃岩壁之间，脚不沾土，身不贴地，餐风饮露，吸纳空气中养分和湿气而存活生长，悬根而生干短劲，白花沁绿细距长。中国古人也很爱它，园艺栽

风兰

Neofinetia falcata

兰科 / 风兰属

培时总顺从它的天性，或以铜丝作筐络置檐间，或以小篮贮挂树上，赏玩不已，誉为仙草。

兰科植物往往拥有醉人花香，风兰亦不例外。但如古诗所言，风兰生晚香，为吸引惯于夜行的飞蛾授粉，风兰的香气要到傍晚时分才渐趋浓郁，才肯一种幽香异水湄。

虽然原生东亚，但风兰早已为欧美引进，且培育出许多园艺品种，花色不仅有乳白亦有淡粉，在园艺界里常按日文别名称之为富贵兰。气生根发达的风兰，易活能开，不似春兰建兰等兰属植物那般难以侍候。可惜的是，明明园艺种供应充足，但野生风兰竟也难逃人力摧残，已被挖掘殆尽，山谷溪涧间那一抹云华飞抱露华垂的轻灵清雅，竟逐渐消逝于风中，委实堪叹。

别样幽芬，更无浓艳催开处。凌波欲去，且为东风住。忒煞萧疏，争奈秋如许。还留取，冷香半缕，第一湘江雨。

〔清〕纳兰性德《点绛唇·咏风兰》

短距风兰
Neofinetia richardsiana
兰科/风兰属

悠悠万寿竹

从前，大概因为长得相似，铃兰、玉竹、万寿竹均为百合科植物。可是，在新的植物分类系统中，长得像不管用，得靠DNA滴血认亲。于是，玉竹和铃兰去了天门冬科，万寿竹归于秋水仙科。

不同科但同以竹入名的玉竹与万寿竹长得甚为相像，但要分辨两者也不难：玉竹花生叶腋间，两两成对逐叶依次而开，挂出一长串玉色璎珞白流苏，而万寿竹一如清《古今图书集成》中《肇庆府物产考》里所记"尾端著花如铃"，花悬于茎顶，仅稀疏三四朵，远不如玉竹花繁热闹。

虽然每枝着花不多，但万寿竹属植物花色并非单一的青白，少花万寿竹常花开明黄，大花万寿竹白花冰清玉洁、紫花轻盈似梦，各有精彩与美妙。

万寿竹悠然生于林野，可谓与富贵无缘，却有一个别名为富贵竹。其实，常作为水培观叶绿植出现于居室之内江湖俗称的富贵竹，是天门冬科龙血树属植物富贵竹（*Dracaena sanderiana*），与万寿竹没有任何关系，但两者却莫名地常常互为别名。或许是呼唤它们名字的人类太过贪婪，既想拥有富贵，又思万寿无疆，所以才指鹿为马，搅得它们难分你我。

万寿竹既不富贵亦不万寿，与它相似的黄精玉竹以滋补益寿而知名，万寿竹虽可入药却并不滋补。万寿竹之名，可谓有名无实。倒是它属下有一少花万寿竹，又名宝铎草，此别名更具诗境，总令人想起宝莲灯之传说，更让人遐想佛塔数重、宝铎和鸣，意境之美远胜于世俗的万寿二字。

天竹，一名万寿竹。

似竹而草本，尾端著花如铃。

〔清〕《古今图书集成·方舆汇编·职方典》（节选）

万寿竹

Disporum cantoniense

秋水仙科 / 万寿竹属

万寿竹悠然生于林野，

可谓与富贵无缘，

却有一个别名为富贵竹。

33

益母草

Leonurus japonicus

唇形科 / 益母草属

忽忽春将暮，俄过三月三。
草谁怜益母，花自媚宜男。
乍到寻巢燕，初眠上箔蚕。
新茶与稚笋，乡味忆江南。

〔明〕李祯《三月四日即景》

因草与子皆充盛
密蔚，益母草旧名
极古雅，曰茺蔚。

34

草谁怜益母

益母草旧名极古雅，曰茺蔚。按李时珍的说法，是因草与子皆充盛密蔚才如此命名。可惜这名字太过高雅反而不能通行于世，反倒是益母草简单明了，朗朗上口，最终成为植物的官名。

顾名思义，此草对为母者有益，中医认为它治产妇诸疾有神妙之效。民间至今对它无比信任，常有长辈以益母草煮水给产妇饮用。然而，俗话常说：是药三分毒，此语放诸中草药尤其适合。益母草是《诗经》时代便已存在的古草，顶着益母头衔几千年，却在二十一世纪被现代科学认定为肾毒性草药，列入"有毒中药"质控研究清单，需要酌量慎重使用。

益母草在乡间随处可见，春来茎芽初生，叶形如艾，与蓬蒿杂处，难以区分，所以益母草常被称为益母艾或益母蒿。到得初夏时节，艾蒿仍是一丛浓绿带白的绿植，益母草却已经红花着枝，极易辨识，也因花开染红，它又被称为红花艾。

九重楼也是益母草的别名之一。

得名之由，是它轮状花序逐节腋生，节节开出十数朵紫红唇形花朵，节与节间隔一二厘米，一节叠着一节，一重盖着一重，确如重楼高起。不巧的是，夏枯草也是轮状花序聚成穗状花序，但轮轮相依密集无间，更似塔形，却也被称为九重楼，所以古人才无奈地在诗里感叹：莫认夏枯为益母。

在《诗经》里，益母草所关联的是一则遇人不淑的情伤故事："中谷有蓷，暵其干矣。有女仳离，慨其叹矣。慨其叹矣，遇人之艰难矣！"草尚益母，情却伤人，数千年来，天下女子，竟也只能对草徒呼奈何。

暗黑细辛花

　　平心而论，细辛的花绝非雅俗共赏的类型，生得有点诡异，有点鬼魅，有点邪恶，有点不属于这个星球。原生种的花朵，是少见的深色花，多为深褐色或紫黑色，管钟状花被上部裂成卵形三角裂片，中间一孔洞然，乍一看有如只只鬼眼阴森森地掩于叶下接近地面，冷眼觑着这人间。色深花暗，蜂蝶不来，但细辛花朵也志不在蜂蝶。它几乎伏于腐土之上的花朵，自有蝇类甲虫前来相助授粉。

　　纵使花之美丑尚待商榷，细辛叶片却确实美丽。即使是原生种，品种不同，心形叶片也风姿各异，或革质翠润，或散布网格，或斑纹对生，或挑染他色。无怪乎现代园艺界相中细辛，在叶色叶纹上争奇斗胜，使之成为观叶地被植物中

承清府之有术，冀在衰之可壮。寻名山之奇药，越灵波而憩辕。
采石上之地黄，摘竹下之天门。撤曾岭之细辛，拔幽涧之溪荪。

〔东晋〕谢灵运《山居赋》

的上上之选。

　　细辛属下品种双叶细辛，日文名为"双葉葵"，又称"二
葉葵"或"賀茂葵"。莫看它平凡普通，在日本却颇有地位。
日本史上大名鼎鼎的德川家康，其家纹"葵の御紋"，便由
三枚双叶细辛的叶片组成。它也是京都下鸭神社的神纹，是
下鸭神社每年五月中旬举办的葵祭的象征物。

　　寻名山之奇药，撤曾岭之细辛。因根细且辛辣苦麻而得
名的细辛，是久经使用的中草药，但作为马兜铃科植物，天
然含有具致癌性和肾毒性的马兜铃酸。它是千年行之有效的
良药，还是科学认证的毒草？那天使与魔鬼的一线之隔，可
能尚需更为科学的研究论证。

我已拥有一系列你们的名字：

枫树、牛蒡、獐耳细辛、

槲寄生、石楠、杜松、勿忘我，

你们却没有我的。

［波兰］辛波斯卡《植物的静默》（节选）

獐耳细辛

Hepatica nobilis var. asiatica

毛茛科/獐耳细辛属

在日语中，它的名字有着
动感的诗意——雪割草。

獐耳细辛的中文名里有个萌萌的动物耳朵，在日语中，它的名字有着动感的诗意——雪割草。獐耳细辛是原野之上最早开花的早春花朵之一，当冬意渐趋阑珊，春天仍在赶来的路上，獐耳细辛已割开未融的残雪，在暮冬初春并不炽烈的阳光下，悄悄露出萼片数量为五至十枚的小巧精致花朵。

是萼片，而非花瓣，乃因组成它那或蓝或紫或红或白的娇俏花朵的，实为长圆形的花瓣状萼片。美丽的獐耳细辛，竟是根本不存在花瓣的花朵。獐耳细辛在欧洲人气很高，也因大自然在地球上播种它们时格外厚待欧洲大陆，不仅种类更多，且欧洲獐耳细辛色彩更鲜明更为绚丽，春野漫开，当真蔚为蓝海紫洋。

獐耳细辛英文名为 liver leaf，因叶形如肝脏而得名，拉丁学名中 *Hepatica* 亦源于此。至于中文名里颇具喜感的獐耳二字，恐怕是因为宽卵形的叶片毛茸茸且碧润可爱，令人想起非常呆萌的鹿科动物香獐那耸立的耳朵吧。

植物中文名中含细辛二字者，另有马兜铃科细辛属植物，与毛茛科的獐耳细辛关系远矣。若问它们缘何会在名字上产生牵绊，或许从《本草纲目》里"及己"一条可略窥端倪，书中写"及己名义未详。二月生苗，先开白花，后方生叶三片，状如獐耳，根如细辛，故名獐耳细辛"，虽是为金粟兰科的及己下定义，但文字描述分明字字都在说獐耳细辛，委实古怪。中国古药书中的植物名从来乱成一团，今人无从与写书的古人同场共看那一株植物，所以也无从知晓古人所言是对还是错。尽信书不如无书，不如姑且存疑。

獐耳细辛开

真想质问为猪牙花（英文名 dog's-tooth violet）取名的中国人和西方人：曾在哪头猪嘴中见过如此美丽的猪牙？就算再可爱的狗，口中也开不出如此明艳照人的花吧？人言：以牙为名其实根本不关花朵的事，是因为细长的地下鳞茎形似动物牙齿。虽然这解释有理有据，但仍然不能让人停止为猪牙花鸣不平。

猪牙花简直就是植物界的蝉。蝉蛰伏土中数年，却只能在泥土之上存活几十天。猪牙花的种子入土后，要历经近八年的时间，长出两片叶子后，才有余力开出美丽而倒垂的花朵。它对光线与温度无比敏感，只乐意绽放于晴天艳阳下，如遇雨天或温度较低的阴天就难以盛开。早春盛开的猪牙花也只得刹那芳华，四月底五月初，万物繁茂草木俱绿，它却早早敛形收迹，花凋叶落株枯。

猪牙花富于生命能量的牙形鳞茎，在日本江户时代常被制作淀粉食用。虽然现今日本市面上所售的淀粉，已有八成改用马铃薯制作，但仍沿用旧称，借用猪牙花的日文名"片栗"，称为片栗粉。

> 种子入土后，要历经近八年的时间，长出两片叶子后，才有余力开出美丽而倒垂的花朵。

或因鳞茎于地下悄然蔓延之故，猪牙花喜欢丛生群开，花开之时往往如水流倾泻，漫淌成片。它的日文别名倾笼，就非常生动地描述出花开时，有如笼子倾倒般地将花朵泼洒于地的画面。确实，作为早春浴寒而开的报春花朵之一，每年二三月，猪牙花总与菟葵、獐耳细辛、侧金盏花等野草一起，用姹紫嫣红的花田为地球绘出生机流泻的春天。

蓝眼草、罂粟花、大片的鲁冰花

洒满了草地，还有一种复杂如豹纹的

绿叶花，他俩不知道名字。

猪牙花，他说；她说，山慈菇。

[美] 罗伯特·哈斯《奥利马的苹果树》（节选）

猪牙花

Erythronium japonicum

百合科 / 猪牙花属

一株白头翁

　　白头翁，是人，是鸟，亦是草。古诗里随意指称，需留心分辨，才知诗人所咏所叹者为哪一种。

　　若问经过谈笑者，不过田舍白头翁，是见尽世事起伏历经岁月沧桑的一个年迈老人。青春留不住，啼杀白头翁，是生性活泼人来不惊的一只鸟儿白头鹎。如何青草里，亦有白头翁，才是花开蓝紫色果如白绒球被中国人拿来当药材的一株野草白头翁。

　　白头之名，或因全株覆盖白色茸毛，或因瘦果白毛蓬然宛如老翁。虽名白头翁，花开时却浓蓝重紫，更类艳光照人的青春女郎。以花推及果，以果思及花，还真是引人一叹：或许花亦如人，莫道春风好，春风易白头，一不小心就被时光的飞刀从女郎削成了老妪。

　　白头翁有一个英文别名，也是从果实特征上象形取名，为 lion's beard，相形于中文里老态龙钟的三个字，狮子的胡须确实更显威仪。不过白头老翁也好狮子胡须也罢，都对白头翁妖娆娇艳的花朵有欠公平。好在它还有另一个英文别名 blue tulip（蓝色郁金香），虽然有混乱物名之嫌，但以郁金香之美来喻白头翁，也算是为它找回了一点公道。

　　全球有原生白头翁四十余种，常见花色为蓝紫，但也有不走寻常路的另类，比如黄花白头翁花萼就明黄灿烂，偶尔也为白色。

　　大自然造物万千，有别人认识而自己全无所知的植物，更有全世界人类均尚未知晓的物种。身处于地球上无数的草木与生物之间，我们人类不过是一次又一次地发现自己知识的贫瘠而已。

醉入田家去，行歌荒野中。如何青草里，亦有白头翁。
折取对明镜，宛将衰鬓同。微芳似相诮，留恨向东风。

[唐] 李白《见野草中有曰白头翁者》

白头翁
Pulsatilla chinensis
毛茛科 / 白头翁属

芝山宫殿剩丰碑，摇动春风见菟葵。

二百余藩齐洒涕，不堪哀诵《式微》诗。

〔清〕黄遵宪《日本杂事诗》

二十四节气以立春
为首，而菟葵恰在立
春节分之际，于林下
野地，应节而开。

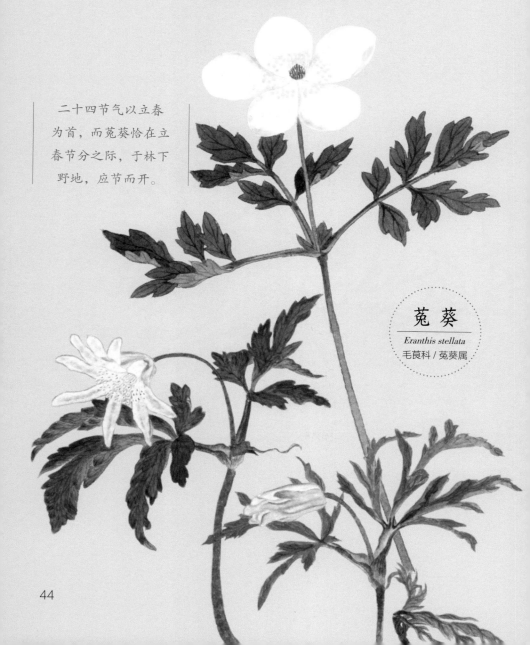

菟 葵

Eranthis stellata

毛茛科 / 菟葵属

在日本，菟葵名为"節分草"。二十四节气以立春为首，而菟葵恰在立春节分之际，于林下野地，应节而开，小小一朵雪白或鹅黄，萼片数量随性而生，五至八片不等，幽生于枯野冻土之中，清新静美。

在冰天雪地的中国东北，菟葵也是早春四月率先破冰而出的花朵之一，与侧金盏花一起为雪乡带来最早的春讯。它拉丁学名中的 *Eranthis* 一词，源于希腊语 Er 和 anthos，意为"春之花"，可谓名副其实。

应节而开的菟葵步履匆匆，花开过后速速结果，萼片脱落，花蕊变身成一束精巧的蓇葖，舒展有如星芒，中含胚珠数粒，有着无法形容的软萌可爱。

与猪牙花一般，菟葵只拥有短短两三个月的地面时光，迅速完成开花结果的年度使命后，便果断抹去自己在地面上活过的痕迹。要等到下一个春天，另一个节分，它才肯于严寒中重回世间，花开轻盈，动摇春风。

有一度，日本山荷叶（*Diphylleia grayi*）因为遇水后白花会变得近乎透明，成为网络上红极一时的植物。其实开白花的日本菟葵（*Eranthis pinnatifida*）亦有同效，只是鲜为人知而已。

中国有原生菟葵三种，多生于东北与西南山野。古人大概少有机会见到。古书里的菟葵或兔葵常指锦葵科植物，所以在古诗句里，晚春时节，吹尽成蹊桃李尘，兔葵燕麦一番新，此中兔葵实非今日毛茛科的早春短命植物菟葵。只有"菟葵，苗如石龙芮，而叶光泽，花白似梅"的描述倒有三分疑似。

野生铁线莲

花卉世界，人类素喜为它们排名议序，一如梁山一百零八位好汉，非得座次分明。古时，牡丹是花王，芍药是花相。今日之人钟情藤本，古人庭院里无迹可寻的铁线莲，在现代扬名立万炙手可热，被推上藤本皇后的宝座。

正因铁线莲在古诗文中难觅其踪，中国人时常误以为它纯属西方来客，殊不知铁线莲在古代虽不见于园林，却大量存乎山野。世间有原生铁线莲三百多种，而中国已发现一百有余，占了三分之一。

野生铁线莲中有两种在古代名声稍为显赫，唤作威灵仙和女萎。它们之所以还略有点小名声，是沾了中药的光，所谓"苏耽橘红井泉碧，威灵仙术终相期"。然而，中医书籍里的威灵仙确是威灵仙，女萎就未必是今日铁线莲属的女萎，因为女萎这两个字，也被用作玉竹的别名。

草药之名本自混乱，且不管它。单说散生于华夏各地的一百多种铁线莲，在园艺种面前，未必也全然失色。比如花量巨大甜香馥郁的圆锥铁线莲，就是某些园艺种的亲本。它果实前端的羽毛状白色柔毛有如胡须，所以在日本又被称为"仙人草"。圆锥铁线莲虽然只有简简单单的四萼十字小白花，却能以量取胜，开得花意如狂。如将它移植园中，享受与园艺藤本的同等待遇，搞不好抢占高地霸走大半爬架的反而是它。

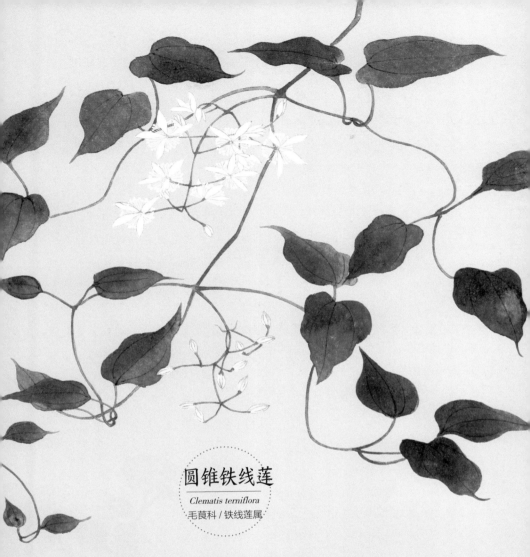

圆锥铁线莲

Clematis terniflora

毛茛科 / 铁线莲属

蕤宾为蒂锻为胎，百炼芙藻火宅来。

似逐旌阳仙树发，轻浮海港铁莲开。

白毫叶叶光生座，素步盈盈迹印苔。

采得若邪春一线，干将抱蕊棹歌回。

〔清〕彭孙贻《铁线莲》

尽管北国的春天，要比江南来得晚一些，但仍然会有花朵，在冰雪之下慢慢等待，一旦感知泥土的轻微舒展，林风的脚步放缓，空气开始携带一丝春的味道，便破冰而出，发出新春将至的信号。侧金盏花，是冬末春初冰雪未融的东北严寒中，最早冒雪而出的一抹春意。

侧金盏花拉丁学名里有 *amurensis* 一词，其中 amur 意指中国东北的黑龙江，它确实也是东三省寒山寂谷林下常见的野生早春植物，是高寒地带一片枯灰雪白的冷寂长冬里一抹清新可人的冰黄，无怪乎人们将之称为冰凌花或冰里花。

最为钟爱侧金盏花的或许是日本人，在那里它拥有带着吉祥的名字：福寿草。在阳历新年里，经温室栽培而提早开放的侧金盏花常与挂着累累赤珠般红果的南天竹搭档，作为

日光照射着窗玻璃，以及侧金盏花。

[日] 永井荷风

"转难为福"的吉祥年花供于案头。南天竹之南，在日语里仍同于汉字发音，这点借汉字谐音讨吉利的小心思，作为出生于汉字文化圈圈主国的中国人，当能为之会心一笑。

侧金盏花根茎俱毒，不堪食用，虽然现代将之列为药材，但古时似乎并不以之入药，医书不见之。加上主要生长于东北苦寒林地，花开时户外隆冬酷寒，大抵能有机缘见到侧金盏且会写字的古人没有几个，所以，尽管日本诗人对它歌之咏之，中国诗人却基本与它无缘。

古诗也有题名为侧金盏的，十之八九却是指黄蜀葵，因古时亦称黄蜀葵为侧金盏，宋诗"浅浅娇黄向日开，枝头斜挂几金杯"就明显是在写黄蜀葵。侧金盏花，在中国，一直很寂寞呢。

侧金盏花

Adonis amurensis

毛茛科 / 侧金盏花属

最为钟爱侧金盏花的或许是日本人，在那里它拥有带着吉祥的名字：福寿草。

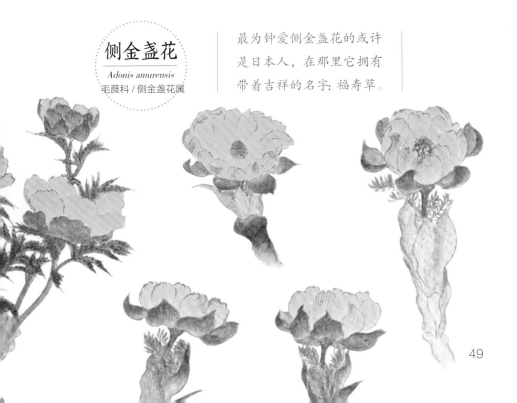

萍蓬草，一名水粟，一名水粟子，
生南方池泽，三月出水，茎大如指，叶大如荇，
花亦黄，未开时状如算袋，其根如藕，饥年可以当谷。
〔清〕汪灏《佩文斋广群芳谱》（节选）

萍蓬草
Nuphar pumila
睡莲科 / 萍蓬草属

人生难定期，往往如萍蓬。在汉字里，萍蓬最初只是一种生存状态，是辗转迁徙居无定所，是诗人们动不动就自怜自伤地哀叹：萍蓬踪迹几时休。

不知从何时起，萍蓬成了植物的名字。只不过，萍蓬草不是身不由己随水漂流的浮游植物，作为多年生的水生草本，它自有肥厚如小藕的横生根茎牢牢扎于水底深泥之中，安居乐业，挺起似荇而大的马蹄形碧叶，绽放端庄如莲的金碗状黄花，结出圆似锥栗的小小青浆果。

如果不嫌一池青叶金花过于单调，萍蓬草何尝不能与荷花与睡莲同调，作为观赏植物在园林亮相，成为园中的一池水景，池中的一处花境。

当然，萍蓬草花小，花径仅三四厘米，远不及莲花硕大丰美、一支亭然，也比不上睡莲色域博大、五彩绚烂，但它马蹄形的叶片，油亮碧翠，很是别致。金黄萼片常为五枚，质感十足，底部泛青，如一只只制作精巧的金碗，优雅地盛放黄蕊红药的花心。纵使生得小巧玲珑，却仍有莲花端然之范，是以世人又称之为萍蓬莲或黄金莲。

黄金莲三个字是曾出现在佛经里的词语："紫磨金渠流香色水，黄金莲花敷荣其上。"佛经里的植物，往往出于美好的想象，纯粹虚拟并非真实存在。但一种存于自然天地间的植物实体，若被人们称呼以传说中的植物名，至少，这个称呼，已是对植物的一种赞美。

萍蓬生涯，放诸现代，或许就是漂一族。然而，对交通便利的现代人来说，离开桑梓之地远走他乡，未必需要频频哀叹，也许反而是一种弥足珍贵的人生体验。

51

团团虎耳草

年少时读沈从文《边城》，一直好奇翠翠在傩送的歌声里做梦飞到悬崖半腰采下的虎耳草是什么模样。等到很久之后，我才看到了虎耳草无比可爱的圆团团小叶子，好奇心终于得以满足。

四百余种虎耳草属植物，中国拥有过半，遍生于华夏大地。实际上，这种为沈从文所深爱的野草，我们中的许多人也许都曾在不经意中从它身边走过，只不过不认识它而已。

中文名为虎耳草的这一种虎耳草，常开细弱微小的白色花，星星点点地镶在圆锥形的聚伞花序上。如果放大了看，就会发现它五枚花瓣构造奇特，在上的三瓣长宽均只有二到四毫米，却细心地点染着紫彩，居下的两瓣大了数倍，长条雪白。难怪日本人左看右看都觉得下方两枚有如吐出的舌头，称之为"雪之舌"，后来辗转流转以讹传讹，日文名就演变成了颇有意境的"雪之下"。

说实话，虎耳草花朵实不起眼，微不足观，它真正惹人怜爱令人叹赏的是叶子。叶子的形状，说是心形也可，肾形也行，扁扁圆圆，又覆着细细茸毛，恰似猫科动物一不小心长得过圆的耳朵，让人情不自禁想去抚摸。

喜生于林中阴湿处山岩壁隙中的虎耳草，也被称为石荷叶。古人若移入家中栽培，常将其点缀于园石之上以赏玩野意。但是，虎耳草最美丽的居处，还是在露重雾绕、空气润湿的山间林野。它在那里，默默等着做梦的少女来采撷，等着离乡的作家魂归来，等着也许永不回来也许明天回来的唱歌少年。

贴地钱如贴水钱，挺捎细花亦鲜妍。

别名只以称虎耳，小犬金铃见悚然。

〔清〕弘历《虎耳草》

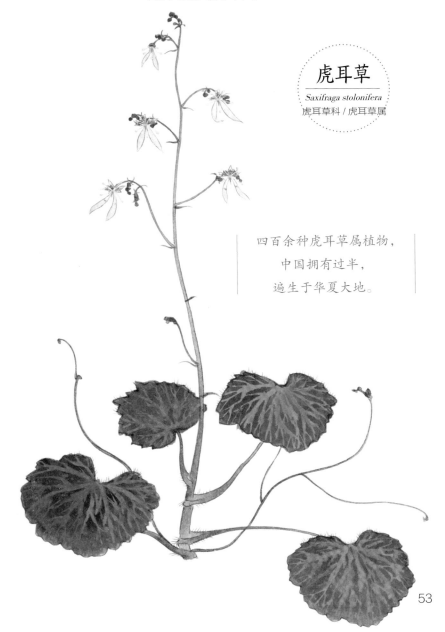

虎耳草
Saxifraga stolonifera
虎耳草科 / 虎耳草属

四百余种虎耳草属植物，
中国拥有过半，
遍生于华夏大地。

柳兰

Chamerion angustifolium

柳叶菜科 / 柳兰属

还有柳树，柳兰，

青草和绣线菊，

以及圆锥形的干草堆，

比起天空高处

悠远的云片，

一点也不缺少

寂静和孤独之美。

[英] 爱德华·托马斯《艾德尔索普》

柳兰火烧紫

乍一看柳兰的英文名 fireweed，会以为在英美人看来，柳兰花开如火烧般赤红，从而大惑不解，质疑英语人群是不是都是色盲，因为柳兰花色，明明是粉紫。却原来，英文名不是因花色而起，乃因柳兰生命力旺盛，大概也钟情于灰烬，野火燎原之后，最早自余烬中萌芽重生的植物就是它们。

植物总有别名若干，英语世界也不例外。除 fireweed 一名外，柳兰有中规中矩、与中文科属柳叶菜十分吻合的英文名 great willow herb，也有莫名其妙的 wickup，难道是因为花开如同向上旋出的灯芯吗？

既名柳兰，当然是因形态特征与这两种植物略有相似，大概来说，其叶狭长似柳，其花抽序如兰。但柳兰花色不像中国兰那般清新淡雅，那一枝高挑直挺的赤粉紫红，花开时非常显眼。夏季漫山遍野开起来，一丘紫穗沐于微风浴于阳光，只怕美于以梦幻紫闻名的薰衣草花田。如果不信，不妨前去内蒙古草原围观一下八月的柳兰沟那童话般的紫红花海。

虽然野生柳兰花开秀美，蜂缠蝶绕，但因它生命力太佳，园林种植尚需人为控制。否则，若由着柳兰的性子侵土占地，搞不好一座花园就变成它一花独领风骚的专属领域。不过，如果花园被柳兰占领了也不用怕，毕竟我们是能吃会喝的人类，不妨一口口吃掉它。

若有幸于春天芽叶正嫩之时看到柳兰，不妨略掐几茎回来，试试它的滋味。只是，下手尚需留情，毕竟，生命力再强的自然植物，若人人见而大肆采摘，都可能被采到变成濒危植物。

小车旋覆花

秋季原野，大抵是菊科植物的天下，或白或紫或黄，天涯何处无菊科。虽然一样顶着金灿灿的小小黄色舌状花，但若要分辨野菊花与旋覆花，难度并不大，因为叶子长得完全相异。小野菊虽然小小一朵，叶子却和观赏菊花长得一模一样。至于旋覆花，长圆披针形的叶片已明显与菊花划分了派别。

其实旋覆花并非单纯的秋花，它花期很长，由夏至秋，零零星星几乎可以开上半年，别称六月菊就是因它在夏季已然盛放而得名。可是，也因为它夏季就一丛黄花金光灿灿，而古人认为金色属秋，所以给了它一个名字"盗庚"，"庚者，金也。谓其夏开黄花，盗窃金气也"，欲加之罪何患无辞，旋覆花就莫名其妙地沦为盗贼。

旋覆花的别名很多，其中一类缺乏想象且世俗意味十足，如金钱花、金钱草、滴滴金等等，且不论金钱花与其他黄花植物频频撞名，也远不如旋覆二字生动别致。相形之下，日本人为它取名时稍稍发挥了一点想象力，因觉得花如小小车轮，故名之为"小车"。若调皮一点，将中日名组合在一起，就大事不好也，变成小车旋覆的车祸现场了。

提到旋覆花，人们常津津乐道于一句看上去莫测高深的话"诸花皆升，旋覆花独降"，升降二字是中医医理术语，平常人确实读不懂，只不过仅仅从一皆一独，感觉旋覆花似乎很有个性很与众不同很厉害罢了。也有好事者又从这一药性上的皆升独降特性生发开来，附会出一番花界里百花逢迎向上唯旋覆花不肯随波逐流的无稽神话，作为闲谈花事时的谈资，殊为无聊。

一串金铺簇碧丛，野田高下状童童。
凭君洗我读书眼，收入公门药笼中。
〔宋〕方一夔《秋花十咏·其三（旋覆花）》

旋覆花
Inula japonica
菊科 / 旋覆花属

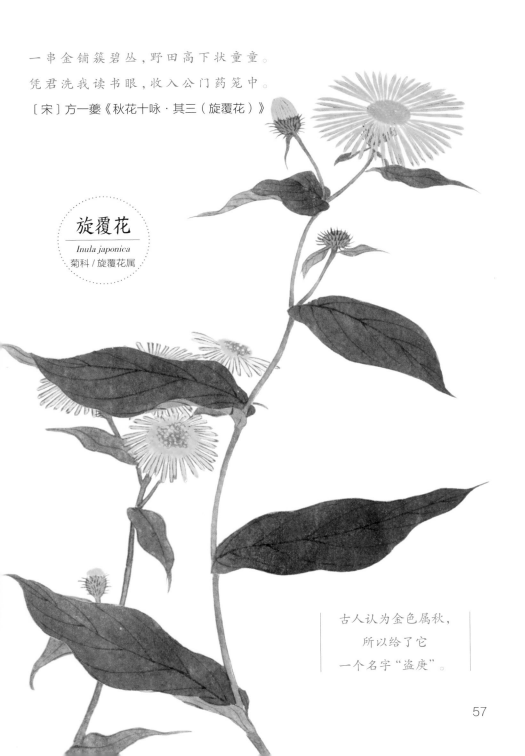

古人认为金色属秋，
所以给了它
一个名字"盗庚"。

地黄饲老马，可使光鉴人。吾闻乐天语，喻马施之身。
我衰正伏枥，垂耳气不振。移栽附沃壤，蕃茂争新春。
沉水得稚根，重汤养陈薪。投以东阿清，和以北海醇。
崖蜜助甘冷，山姜发芳辛。融为寒食饧，燕作瑞露珍。
丹田自宿火，渴肺还生津。愿饷内热子，一洗胸中尘。

〔宋〕苏轼《地黄》

地 黄

Rehmannia glutinosa

列当科 / 地黄属

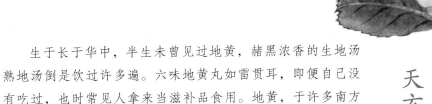

生于长于华中，半生未曾见过地黄，赭黑浓香的生地汤熟地汤倒是饮过许多遍。六味地黄丸如雷贯耳，即便自己没有吃过，也时常见人拿来当滋补品食用。地黄，于许多南方人来说，不是植物，而是一个药名。

及至有一天，网络上忽见一张植物图，毛茸茸的褶皱叶、筒状花，既软萌可人又娇美动人。看一看名字，才惊讶地发一声赞叹：原来经炮制后一身黝黑朴实敦厚的食补药材地黄，尚以植物的姿态存活于地面上时，是这般美丽。

天玄而地黄，地黄之名，看似朴实，实则大气。地下根茎为黄色的植物并不鲜见，试问天地间还有哪种植物能如地黄一般，几乎等于与大地同名？而地黄却也不曾辜负它的佳名，以草木之躯给予中国人丰厚馈赠。

作为知名药材，六味地黄丸、知柏地黄丸、杞菊地黄丸，它都是主角之一。以之为食，今有广州的老火靓汤，旧有乳和地黄粥。古时还常酿地黄酒，宋人记载"地黄择肥实大者，每米一斗，生地黄一斤，用竹刀切，略于木石臼中捣碎，同米拌和，上甑蒸熟，依常法入酝"。

地黄属原生六种，均产于中国。欧洲亦有洋地黄，即毛地黄（*Digitalis purpurea*），虽然名中带毛，实际远不如地黄毛茸茸，植株花朵均光滑得多。在传统分类系统中，它们原本同科异属，同属玄参科，或因如此，故中英文名都产生了交叉与关联，毛地黄英文名为 foxglove，地黄就理所当然地成为 Chinese foxglove。但在新的分类系统里，毛地黄划归车前科，地黄归于列当科，关系已然生疏。

> 天玄而地黄，地黄之名，
> 看似朴实，实则大气。

宁甘苜蓿香

春来时，绿叶紫花为田野铺上织锦花褥的绿肥植物，并不一定是紫云英，也许是花色更为深浓的紫苜蓿。如果地里漫开的不是紫花，而是点点金黄，则肯定是黄花苜蓿。开黄花的南苜蓿，在江南，常被称为草头或者金花菜，从前是只有春季才能享用的时令野蔬，现在人工培育，即使秋冬下江南，依旧能在餐厅点单清炒草头或酒香金花菜。

苜蓿全世界皆有，并非中国原产，而是随着大名鼎鼎的丝绸之路入华的西域移民。"俗嗜酒，马嗜苜蓿，汉使取其实来，于是天子始种苜蓿、蒲陶肥饶地。"它原是大宛马的口中食，不知从何时起，竟也成为中国人的盘中餐。古人食苜蓿，大抵还是因为灾年救荒或者生活清苦。诗翁憔悴老一官，厌见苜蓿堆青盘，想不开的人往往要哀叹苜蓿穷诗味，豁达的人就能够处之怡然：不羡鱼羹饭，宁甘苜蓿香。

中国拥有十余种苜蓿，南北差异略大，北方常见紫苜蓿，紫茎秆直立高挺，更为豪放。江南多生南苜蓿，常伏卧于地，相形婉约。紫苜蓿叶绿中泛白质感粗粝，南苜蓿叶青葱浓绿纤薄柔嫩，观感上似乎南苜蓿更为清甜可口，至于入肴后谁的口感更胜一筹，就只能靠有口福之人自行比较评判了。

自西汉以来，苜蓿漫生华夏成为永久居民，拼尽一株休，尽人各种欢：为牧草，苜蓿满川胡马肥；为绿肥，破陇斜耕苜蓿田；为蔬菜，苜蓿满盘供饭足。年年岁岁，苜蓿春风，由南至北，总见它一丛浓绿，三叶玲珑，高秆摇紫，低茎点黄。

为牧草，苜蓿满川胡马肥；
为绿肥，破陇斜耕苜蓿田；
为蔬菜，苜蓿满盘供饭足。

纵使未生牧场，不绿春田，不入菜圃，只是路侧道旁的闲花野草一株，也不失为大地上春意浓浓的一抹点缀。

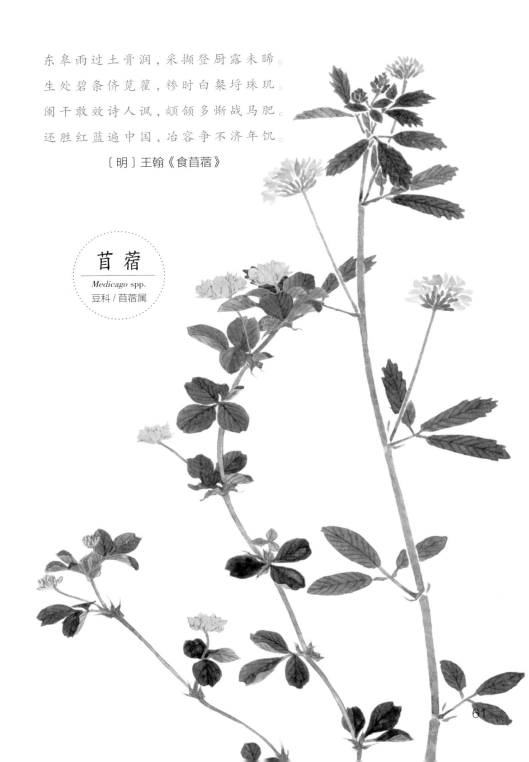

东皋雨过土膏润，采撷登厨露未晞。

生处碧条侪苋藿，糁时白粲埒珠玑。

阑干敢效诗人讽，颓颔多惭战马肥。

还胜红蓝遍中国，冶容争不济年饥。

〔明〕王翰《食苜蓿》

苜蓿

Medicago spp.

豆科 / 苜蓿属

星星点点地开着

紫云英的田亩

就要被犁铧翻耕。

[日] 金子美铃《紫云英的田亩》（节选）

紫云英
Astragalus sinicus
豆科 / 黄芪属

它那小小莲座的紫红花朵，那羽
状复叶的碧绿小叶，紫英如云，
是多少人童年时最鲜明的花影。

春回紫云英

　　烟花三月，如果乘坐高铁于昼间自北京出发一路南下，车至湖北境内后，自窗外田野之上渐浓的绿意已然能感受到春回大地。如若留心，就能自湖北湖南两省的田间，时不时发现大片大片的紫云英。

　　早前，化肥还未用得过滥的时候，紫云英是地里必备的绿肥，年年春天如期上演绿底紫花的绘画表演，一亩连着一亩，一顷接着一顷，画满了整个田野。乡村孩童，放学路上，嬉笑打闹，时不时掉进紫云英堆里打个滚，染一身叶汁青紫花红。至于老牛，更是紫云英田最忠诚的粉丝，在紫云英停留世间的短暂时间里，它常常身负一只白色野鸟，踱于田间，不紧不慢地啃咬咀嚼，一口一口吞下春天。然后，春耕，紫云英的田亩，就被老牛拖着犁铧翻耕。

　　如今，旋耕机代替了老牛与犁铧，开满紫云英的花田亦不多见。似乎已不再有农民会特意再在地头洒上紫云英的种子，一季长冬之后田野冒出来的紫云英全凭野生，全凭风儿与鸟类的慷慨馈赠。

　　从前，紫云英花蜜是春天最常见的蜂蜜，物美价廉。现在，从乡下养蜂人的手中竟很难买到纯正的紫云英蜜，因为稀少所以珍贵，谁曾想，被蜜蜂采吸了数千年的紫云英蜜的身价竟会以这种方式攀升。

　　紫云英，是中国原生的千年古草，是《诗经》"邛有旨苕"里的苕，是农民口中亲昵相唤的草子花红花草，是日本人看它花开如莲而誉称的"莲华草"。它那小小莲座的紫红花朵，那羽状复叶的碧绿小叶，紫英如云，是多少人童年时最鲜明的花影。可惜，旧梦不须记，紫云英的时光早已渐行渐远。

萝藦蔓引绿

萝藦的名字有点寂寞，因为许多人不曾听过它的名字。换个称呼，芄兰，可能也仅是读《诗经》时于白纸黑字间偶尔的一眼之交而已。萝藦也好，芄兰也罢，这两个名字，对于许多中国人来说，都是陌生的存在。

但萝藦的实体，许多中国人未必不曾见过，也许就在浑无知觉的情况下从它身边路过。因为，且不要说在野草易生的乡间它相对常见，即便在都市的水泥墙头铁丝网上，也时常能见到它牵藤引蔓的身影。

萝字，暴露了萝藦爬藤引蔓的习性。民间所用的俗称，雀瓢、婆婆针线包、羊角等，以不同角度揭露了萝藦果实的真面目：它的蓇葖果实像鸟雀，如水瓢，似羊角，又遍生疙瘩，宛如老婆婆使用过数十年被针头刺得千疮百孔的针线包。

只有芄兰这个颇为文雅的别名，似乎与萝藦实物全无关联。可是，既然古人陆玑广引前人文字加以考据后得出结论"芄兰，一名萝藦，幽州谓之雀瓢"，且后世均从其说，就姑且认为《诗经》里"芄兰之支，童子佩觿"，作为起兴之物的芄兰，正是萝藦。

而今，这古老的藤蔓植物在中国静静地长出厚绿光泽有如镀膜的卵心形叶，盛放着虽细小却有着海星形状的淡粉紫花朵，结出小雀栖枝般的卵圆糙果，然后，蓇葖果成熟干裂，一粒粒种子如蒲公英，驾着白绒种毛制成的小飞机，驭风步云，寻找新的栖身之所。

芄兰之支，童子佩觿。虽则佩觿，能不我知。

容兮遂兮，垂带悸兮。

芄兰之叶，童子佩韘。虽则佩韘，能不我甲。

容兮遂兮，垂带悸兮。

〔先秦〕《诗经·芄兰》（节选）

萝藦也好，芄兰也罢，这
两个名字，对于许多中国
人来说，都是陌生的存在。

萝藦

Metaplexis japonica

夹竹桃科 / 萝藦属

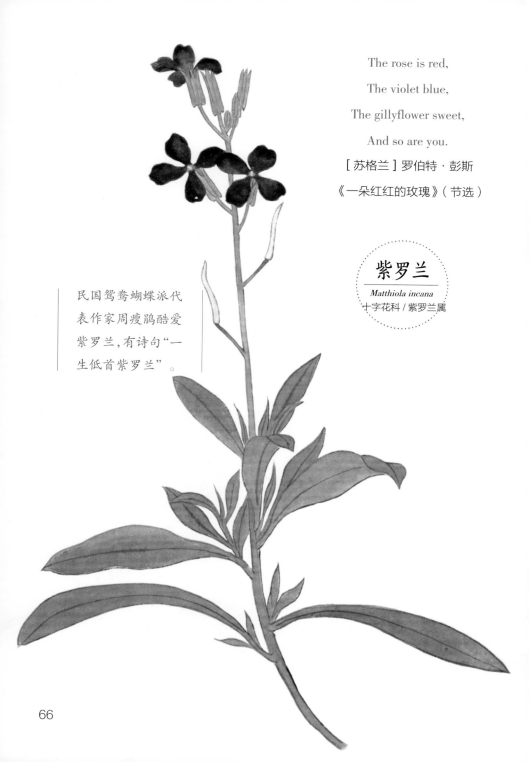

The rose is red,

The violet blue,

The gillyflower sweet,

And so are you.

［苏格兰］罗伯特·彭斯

《一朵红红的玫瑰》（节选）

紫罗兰

Matthiola incana

十字花科 / 紫罗兰属

民国鸳鸯蝴蝶派代表作家周瘦鹃酷爱紫罗兰,有诗句"一生低首紫罗兰"。

谁识紫罗兰

民国鸳鸯蝴蝶派代表作家周瘦鹃酷爱紫罗兰，有诗句"一生低首紫罗兰"。但周瘦鹃为之一生低首的英文名 violet 的植物，其实应是堇菜属植物。真正的紫罗兰（*Matthiola incana*），是开着四瓣紫花的十字花科植物，英文名是 stock。

周瘦鹃或许深爱堇菜之姿容，又因一段兰因絮果的爱情对 violet 之名怀有特别情感，抑或恰又深喜紫罗兰这三个汉字，于是感情用事，自顾自将自己喜欢的物什集于一体，将 violet 译成紫罗兰，自此成为误译之滥觞。因此，我们今天所读到的英译诗歌中的紫罗兰，可能许多应是堇菜。

虽然中文花名不幸被周瘦鹃带偏，但深受汉字影响的日本倒无此虞，violet 的日文名是堇，而 stock 的汉字日文名有二，一为莫测高深莫解其意的"荒世伊登宇"，一为"紫羅欄花"。清人陈淏子《花镜》一书也有名为"紫羅欄"的花图，画得面目模糊难以比对；清乾嘉年间文献《石渠宝笈》中记载古画"第六幅山桃紫罗兰，署双艳二字"。就不知书里画中的紫罗兰，是否今日之紫罗兰了。

英文 stock 一词，有树干或主茎之义，紫罗兰茎直立高挑，基部略木质化，确有树干之风，故此得名。原产地中海沿岸的它，虽然与白菜、萝卜同科，但因为花开艳紫且带浓香，极受西方人欢迎，几经园艺培育，是庭院广植的观赏花卉。它另有一个与康乃馨共用的英文别名 gillyflower，苏格兰诗人彭斯诗里的 The gillyflower sweet，极有可能不是指康乃馨，而是指花开时甜香四溢的紫罗兰。

三心酢浆草

　　酢浆草，有着极具标志性的三心合一的叶子，三瓣心尖相连，亲密攒在一起，简约精巧可爱。难怪喜欢心形的孩子们，只愿唤之为三心草，而不乐意接受酢浆草这个稍显拗口的学名。

　　古书说酢浆草处处有之，它确实生命力顽强，自播能力上佳，再加上家族庞大，仅原生种就有数百种，若算上园艺种，简直数不胜数，所以不仅中国处处有之，恐怕除了南北两极，地球上到处都散落着它三心合一的绿色心脏。只不过除了作为科长的酢浆草开黄花结黑子外，其他品种花色有黄有紫或白或粉而已。

　　人或不分酢炸，将酢字错念；又或不辨酢醋，将酢浆草误写。其实写为醋倒不算太错，因为酢醋原本异字同义同音，且酢浆叶嚼之确实其酸如醋，故古时也称为酸浆草。这别名就不怎么好了，因为太容易与中文名酸浆（*Physalis alkekengi*）小名姑娘果的茄科植物混淆。

> 酢浆草三瓣心尖相连，亲密攒在一起，
> 简约精巧可爱。

　　因为掌形复叶由三片小叶组成，许多人或认为酢浆草亦是西方传说的三叶草。三叶草并非某种植物专用名，但具体指代哪些植物却仍未有定论，普遍认为拥有三片卵圆形小叶的车轴草和苜蓿才是真正的三叶草。

　　随处可见的酢浆草，不仅黄花心叶深具简约美，就连宛如缩微芝麻果的长棱柱形蒴果也有型有款，成熟时如为人所碰，立时炸裂开来，于是无数细小种子或落地或随风，就此开启酢浆草下一代崭新的生命旅程。

本草名酢浆草……

生道傍下湿地，叶如初生小水萍，

每茎端皆丛生三叶，开黄花，结黑子。

　　　[明]徐光启《农政全书》（节选）

酢浆草
Oxalis corniculata
酢浆草科 / 酢浆草属

花含紫附簇，雪蕴碧铃深。小草存衣被，长人谁此心。

〔明〕沈周《绵花》

陆地棉
Gossypium hirsutum
锦葵科／棉属

自从发现棉花可做衣被的功能，
棉花在地球上的故事，
便和人类社会紧紧关联。

棉花衣天下

　　《圣经》里说："何必为衣服忧愁呢？你想野地里的百合花，怎么长起来？它不劳苦，也不纺线。"可惜，人类没有百合那般天生好皮囊，无法裸奔于天地之间，只能摘树叶、剥兽皮、收亚麻、浣葛藤、植桑、养蚕，以求得半匹麻布一袭葛衫来蔽体遮羞保暖御寒。

　　在漫长的时间里，人类为衣服无比忧愁，纵有皮麻丝葛，但产量往往跟不上需求，直至大地上大片大片地种起了棉花。

　　棉花，有着最朴实不起眼的花朵，初开洁白后转浅黄淡红，花凋后挂起棉铃累累，青果如桃，如摘下来尝尝味道，肯定会大失所望。谁曾想这青色棉铃苍老裂开后，却有着世间最温暖的笑容：那四裂的果壳中绽出四坨柔软如丝的棉花，纺为线织为布能令天下人衣衫周全，弹为絮填入衣被之中能阻隔一季隆冬的寒风冷意。

　　自从发现棉花可做衣被的功能，人类如获至宝，从此棉花在地球上的故事，便和人类社会紧紧关联。在棉花的故事里，有美洲大地上日复一日躬身摘取棉絮的黑奴无尽的血泪，有工业革命时期英国絮绒翻飞的纺织厂里的低龄童工与职业病，有棉花经济腾飞中的富与贫、剥削与被剥削，有数百年间棉花帝国称号在国与国之间的变化流转。

　　所有围绕棉花所发生的事，也许都是棉花所不能理解的事。它应该不会懂得人类为何在衣食周全后，还费尽心力去种植去生产去贸易，去制造棉花贸易财富线上的层级链，它更加不会明白将它种植养大的人们为什么往往会处在人类层级链的最底端。毕竟，这些事，就算是人类自己，也未必能想清楚弄明白。

青葙穗如烛

如果将植物的中文名排序，评定名字是否动听、有无诗意，青葙一定名列前茅。青葙，谐清香，听之自然而然想见花香袭来之场景，鼻翼如闻芬芳。青字，是蓝，是黑，是深绿，是万物茂盛，是少年青春；葙字古雅，却又罕见，为青葙一词独占。青葙一词，令人触目即生联想，联想出一片春野沃原草绿花繁的诗境。

在园艺界略有薄名的鸡冠花也属于青葙属，而青葙又被称为野鸡冠花，有观点干脆认为鸡冠花是青葙的园艺品种。但若让鸡冠花与青葙比美，只怕反而有人不喜鸡冠花大冠如盖的浓艳笨重，而更欣赏青葙一穗似烛的淡雅纤美。

虽为野草，株高体庞的青葙却绝不似匍地而生的小草那般低调，高高直立于地面之上的它注定引人注目。步于乡野，时不时就能见青葙摇着一枝枝长长粉穗，如同一支支细烛溢彩，照射大地。若是野田无人管，则往往成为青葙的领地，一田粉赤带白的花穗竞开，蔚成野外花境。

如千日红一般，青葙穗状花序由密生的小小花朵构成，每一朵小花的苞片和花被片都是光泽莹然的干膜质。所以，一把青葙，往往插着插着就自然风干变成干花，依旧可以留作数月看，为案头添一点自然色彩。

作为苋科植物，青葙嫩苗堪食。但古书里"有青牛先生者……常食青葙芫华，年似五六十者，人或亲识之谓其已百余岁矣"的记载，不信也罢，且不论传说未必真实，个案也不能代表整体，青葙驻颜的说法全无道理，说到底不过是江湖奇谈而已。

青葙生田野间。嫩苗似苋，可食。

长则高三四尺，苗叶花实与鸡冠花一样，无别。

但鸡冠花穗或有大而扁或团者，此则梢间出花穗，

尖长四五寸，状如兔尾，水红色，亦有黄白色者。

[明]李时珍《本草纲目》（节选）

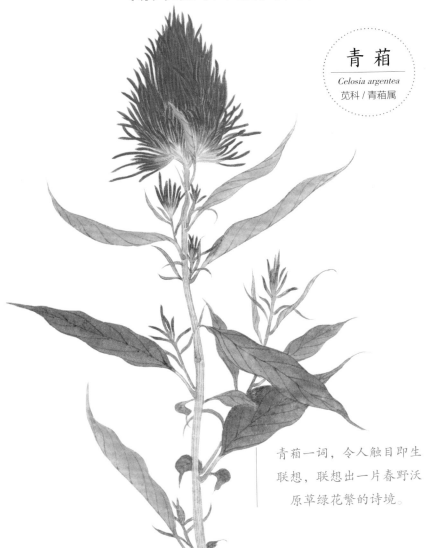

青 葙

Celosia argentea

苋科 / 青葙属

青葙一词，令人触目即生
联想，联想出一片春野沃
原草绿花繁的诗境。

风暖烟草绿

烟草，在世人眼中，不是植物，而是鼻中的轻烟吹吐，唇上的火花明灭。在嗜好者看来，一支在口，提神醒脑；而在嫌弃者眼中，烟草是祸及呼吸道的尼古丁，是污染空气的恶魔，是被迫吸下的二手毒品。全民皆识由烟草幻化成形的香烟，却只有少数人认得烟草作为植物时的模样。

不如，忘掉香烟这个备受争议的物什，去仔细看看烟草最初的模样。这种来自外乡被中国人特意圈种的茄科植物，高大壮硕，阔大青叶是常见的披针或卵形，一枝圆锥花序上挑着一朵朵不算大的粉色漏斗花，单花虽不起眼，繁花满序倒也堪赏。

已无从知道将烟草碧叶制成干枯烟丝的第一人是谁，只知道随着地球各洲居民的相互串门，烟草的旅行版图不断扩大，终有一天，它以焦黄烟丝征服了全世界。

> 烟草，在世人眼中，不是植物，而是鼻中的轻烟吹吐，唇上的火花明灭。

烟草在明代自古之吕宋今之菲律宾登陆中国南海沿岸，中国人立即为它所俘虏。起初它的名字还只是音译自tobacco的"淡巴菰"，随后，在烟缭雾绕中越陷越深的中国人，不仅予以烟草美名，且称"凡食烟……一切抑郁愁闷，俱可借以消遣，故亦名忘忧草"，又宣称"畏其熏灼，仍难捐弃，故又名相思草"，耽溺至此。

世间物事，一旦沉溺其中，即便不伤身亦往往丧志，故自明崇祯朝禁民私售后，清帝屡发禁烟令却仍屡禁难止，且不曾想竟又凭空冒出个更可怕的大烟。奈何，人之为人，虽然能聪明到利用万物，却又往往恋物溺物至不可自控。故而，在这场人与烟草的游戏中，也许胜利者并不是人类，毕竟人类有个致命弱点，叫作：上瘾。

烟草，种出东洋，近多莳之者。茎叶皆如牡菊。

取其叶制干，切如丝，置小筒中，燃火，以口吸其烟，令人醉。

片时不食，辄思，故亦谓之相思草，今各省皆尚之。

〔清〕《古今图书集成·方舆汇编·职方典》（节选）

烟草

Nicotiana tabacum

茄科 / 烟草属

杜若含清露

杜若之名，极为古老。这两个字最常出没之处，是屈原的诗歌：搴汀洲兮杜若，将以遗兮远者；山中人兮芳杜若，饮石泉兮荫松柏……在屈原的诗里，许多草字头的字词未必是实指某个物种，而只是香草的代名词，杜若亦如是。《楚辞》流韵千古，后世诗家里的杜若，亦常喻指香草，实不可一律视为今日之杜若。

也因为杜若一词带着诗意，古人难免滥用佳名。不管怎么说，到了现代植物学里，鸭跖草科植物 *Pollia japonica* 横空胜出，喜获杜若的冠名权，从此佳名独享。种加词 *japonica* 虽表明此物种因最早在日本进入现代植物学家的视野而被命名，实际上杜若也是中国常见的原生植物。

有意思的是，在日语中，杜若被用于指称鸢尾科植物燕子花（*Iris laevigata*），日语里的杜若色也是指燕子花花色般的蓝紫。至于中文名为杜若的植物，花色多半是白色，日文名是"蘘荷荷"，因为日本人觉得杜若之叶类似姜科植物"茗荷"（中文名：蘘荷）。

杜若大叶披离，披针形而纹路宛然，青翠光泽，确实与蘘荷叶片颇为相似，叶形也颇类于加大版竹叶，只不过更为浓绿。一茎直立，碧叶葱茏，花蕾如团珠，花开近白玉，清姿淡然，饶有诗韵。

入秋，白得近乎透明的小白花渐次凋零，花落子成，白珍珠变身成为一粒粒暗蓝黑色珍珠，若摄取一枝入图，也是很有秋意野致的秋日野果图。

生在穷绝地，岂与世相亲。不顾逢采撷，本欲芳幽人。

[南朝]沈约《咏杜若诗》

杜 若

Pollia japonica

鸭跖草科 / 杜若属

《楚辞》流韵千古，后世诗家里的杜若，亦常喻指香草，实不可一律视为今日之杜若。

萱花自惜可忘忧，小草如何却解愁？

为语世人休怪诧，风清太甚要含羞。

〔清〕张若霈《续修台湾府志·含羞草》

含羞草

Mimosa pudica

豆科 / 含羞草属

含羞草大概是植物中的社恐患者，尤其谢绝亲密接触。偏偏每个人心里都住着一个顽童，越是知道它用全身心嘶喊着"不要碰我"，越是以此为乐频频触碰，直到含羞草叶子几经开开合合后累到已经没有力气再对人类的恶作剧作出反应为止。

植物学家说：连续的触碰之所以会让含羞草不再含羞，乃因连续刺激致使叶内细胞液流失过多而又来不及补充。从某种意义上讲，饱受人手侵犯的含羞草，大抵如同连续加班四十八小时且一直没有睡眠的人类一般筋疲力尽。

羽状复叶能够闭合的植物，并非含羞草一种。合欢也具有叶片夜间合拢相拥的特点。只不过合欢的叶片往往只对太阳的光与热有反应，而敏感的含羞草却连人类的手温也经受不住，但有物相挨，收尽娇艳，永远是怯生生的深闺少女模样。

试问含羞却为谁？叶片合拢，其实只为自保，或为抵御夜间的低温，或为对抗动物的啃啮，或为防范风雨的欺凌。含羞草的含羞带怯，剥去人类附加的"草木多情似有之，叶憎人触避人嗤"的情感外皮与浪漫外壳，归根结底，只不过是植物为了在莫测风云的自然环境中好好生存下来而自备的防御武器而已。因此，正如动物对自然灾害远比人类更为敏感一样，含羞草也能对自然界的变化做出预警。

虽有草名，但含羞草实际能长成一两米高的小灌木模样，如果遇见它，握一次手倒也无妨，剩下的相处时间，不如听从它的心声，touch me not（含羞草英文名，意为不要碰我），好好欣赏一下它纤细秀雅的羽叶，淡粉如烟的花球。

含羞草大概是植物中的社恐患者，尤其谢绝亲密接触。

露染鸭跖草

跖字，既然从足旁，当然与脚有关，其义有三，指脚掌、近趾之处、践踏。鸭跖草，无论花叶，并无半点像鸭脚，是以，此名之意，大抵应指它属于随处可见的田间小草，性喜阴湿，在近水潮湿地带长得相对丰美，自然不免天天被入池上岸的群鸭踩来踏去。

虽然鸭跖草在中文世界里过得无比憋屈，需要在鸭脚下艰辛讨生活，但在日文汉字里，它丑小鸭变天鹅，大名与别名均诗意盎然：露草、蓝花、月草、萤草。得名露草，因鸭跖草清晨带朝露而开，往往午后即枯萎，大抵也有花如露水容易消散之寓意。花瓣纤质薄透的花朵，单花往往易凋，只得一日之美，鸭跖草亦未能幸免，所以它的英文名唤作 Asiatic dayflower，也被慨叹为一日之花。好在，鸭跖草花繁花期又长，大约能从仲夏六月开至深秋十月底，纵使单花易凋，终究繁花照眼。

若任鸭跖草自由生长，其实它能开得很美。披针形叶片有如竹叶，所以别名淡竹叶、碧竹子。花朵很是别致，最为抢眼的是上方两枚卵圆的宝蓝大花瓣，其下则羞答答地藏着三枚细细的透明萼片，上衬一片不起眼的白色小花瓣，即古人所谓的"两瓣中有白须"者。远远望去，白须近乎无形，但见两点蓝瓣如蝶翅，翩然绿草间，是以，鸭跖草又被唤为翠蝴蝶。

将宝蓝花瓣按于白纸，则印下一抹蓝色染痕，古人常取花汁点染作画或染纸。因花色入水易溶，花小难采，是以鸭跖草很少用于染布。但日本著名的友禅染，反而利用鸭跖草花液水洗后不留草稿痕迹的特点，常用之绘制衣料图案底稿。

嫩碧长阶前。似新篁、叶叶烟。黛痕细折天生茜。铜花也欠鲜。
石花也未妍。青螺一点枝头颤。翠为钿。玉台妆罢，宜贴两眉边。

〔清〕吴绡《黄莺儿·淡竹叶》

鸭跖草
Commelina communis
鸭跖草科 / 鸭跖草属

早春的原野上绽放的佛之座和它的同属近亲们
都是很可爱的野花，只被当成杂草看待实在是有些委屈。

[日] 柳宗民《杂草记》（节选）

宝盖草
Lamium amplexicaule
唇形科 / 野芝麻属

日本春之七草里的"佛之座"常被译成宝盖草，宝盖草日文名确实为"仏の座"，但此佛座并非彼佛座，春七草里的佛之座实际应指日文别名也为"仏の座"的菊科植物稻槎菜。不仅中国人易译错，就连日本人也常弄混。

佛座与宝盖，均是根据草形取名。宝盖草叶面纹路清晰宛如精雕细刻而成，边缘带深裂圆齿的圆肾形叶子往往绕茎而生，环抱围成一轮，一轮间隔一轮，如佛祖的莲花座，又像帝王仪仗中的伞盖，其实更类似一层一层盖起的高楼。

当高楼落成，进入花期，顶楼茎叶腋间会挑出轮生的紫红花朵，长管细萼，轻紫浅红，如长颈鹿般自叶间伸出头探头探脑，未必美丽，却很可爱，倒是很能撩人。乡下孩童若闲立在草前，往往会不由自主地伸手握住唇形花的长管，将一朵朵"长颈鹿头"自花茎中漫不经心地揪出，以此为乐。

虽说植物往往在花开时期最美，但此规则放在宝盖草身上也许并不适用。宝盖草的唇形花虽细观小巧可爱，但终归细碎，即使轮伞花序满开，数朵紫红齐绽放，在春天的万紫千红中终究也难争妍竞美。倒是它嫩叶伏地初生之际，圆肾形的小叶油绿光润，纹路精致，有如镂刻，匝地一片，既丰美又轻盈，春意十足，实比绿暗红浅一茎清瘦的花期更具风致。

> 宝盖草叶面纹路清晰宛如精雕细刻而成，一轮间隔一轮，如佛祖的莲花座，又像帝王仪仗中的伞盖。

不过，虽然宝盖草单株开花或许并不算出色，但一如所有野花一般，只要有机会它就能开成花田花海，一望连绵，尽是二三十厘米高的长茎摇紫曳红。那番景象，也是会让人观之而叹赏不已的。

日本至今仍有习俗，在一月七日（曾为农历正月七日，明治维新后更改为此日）食用七草粥，故有春七草之说。与之相对，另有秋七草。其实，食七草粥原是中国古俗，南北朝时《荆楚岁时记》已有记载"正月七日为人日，以七种菜为羹"，只是此俗已湮没于历史长河中，今日中国已然不存，也无从得知古时七菜羹所用材料是哪些。

所谓春七草，即：水芹、荠菜、拟鼠曲草、繁缕、稻槎菜、芜菁和萝卜。除繁缕和稻槎菜外，其余五种都是中国人常常食用的野草或蔬菜。日本春七草最早见于记载是在十四世纪的日本南北朝时代，较中国的南北朝晚了近千年，七草粥的习俗极有可能源自中国。如此想来，中国古代七菜羹所用食材大概也是这几种早春常见的野蔬吧。

野草本难辨识，偏繁缕属植物一百二十余种，中国拥有半数以上，原生种既多，还频频出现变种。翻翻古籍，就会发现古代人也成天在为区分繁缕头痛。

自一众开着白花的野草中认出繁缕倒不难，因为它的细瓣小花很有特色。乍一看会以为繁缕花瓣数为十，若细看就会发现，其实瓣数为五，只是每枚花瓣自外向内中分深裂直至花心，构成一瓣为两瓣的假象。需注意的是，偶尔也会有不走寻常路的繁缕，会开出罕见的六裂为十二的六瓣花。

繁缕花瓣卵形细长，如星芒四射，故拉丁学名以 *Stellaria* 作为繁缕属的属名，因 stella 意为星球。至于中文名，乃因茎蔓繁茂且细茎中空有一缕如丝之故，古人偶尔也会写别字写成蘩蒌。繁缕虽不起眼，但能扛轻微霜冻，只要不是北国苦寒之地，往往全年都能开花。

84

李时珍曰：此草茎蔓甚繁，中有一缕，故名，
俗呼鹅儿肠菜，象形也。易于滋长，故曰滋草。

〔清〕《古今图书集成·博物汇编·草木典》（节选）

繁 缕
Stellaria media
石竹科 / 繁缕属

婆婆纳，生田野中，苗塌地生。

叶最小，如小面花靥儿状类，

初生菊花芽叶，又团边微花，如雪头样。

〔清〕《古今图书集成·博物汇编·草木典》（节选）

婆婆纳

Veronica polita

车前科 / 婆婆纳属

繁花开满陌上，远望去无疑是
一块再美不过的翠底蓝花地毯。

长冬过后，春播开始，农人还没有正式忙碌起来，野草就已先人一步，瞬间占领菜园田地。婆婆纳便是其间一种，它的幼苗塌地而生，若要看得真切，人类须屈尊弯腰，半蹲相看，才得以细赏它具着圆圆钝齿的卵心形对生叶片。毛茸茸的小叶子挤挤挨挨地簇在一起，竟似一张张带着软软胎毛的初生婴儿的脸，娇嫩可爱。

纵使它是早春的第一抹新绿，若身为菜圃主人，也很难用赞美与欣赏的眼神来看待婆婆纳。一旦任其根壮枝粗长成一片，待到菜种下地时可得费老大工夫除掉它。生于菜圃的婆婆纳，虽然看似幸运地寻得了一片肥沃的土地栖身，实则注定了它们短命到来不及进入花期，倒不如生于陌上道旁的贫瘠土地上，时间到了，自然能开成花海。

婆婆纳属物种两百多种，最美也最常见的或属阿拉伯婆婆纳（*Veronica persica*）。三月春回，田头草地上往往漫出大片大片的蓝花点点，宛如绿色天空上闪烁的蓝色眼睛。阿拉伯婆婆纳有着天蓝色的四瓣花，花瓣曲线圆润，如工笔线描般地在蔚蓝瓣片上绘出深蓝色纹路，瓣尾一点乳白于花心围成一道白圈，蓝中点白，虽然细小，却精巧娇俏。繁花开满陌上，远望去无疑是一块再美不过的翠底蓝花地毯。

可能因为阿拉伯婆婆纳那一抹蓝太抢眼，以至于人们往往误以为婆婆纳属植物都是清一色的蓝色花。其实中文名为婆婆纳的 *Veronica polita*，花朵反而多是淡紫色，花瓣上同样有着精致的深色条纹。偶尔，也能发现相对少见的白色花。

一般而言，婆婆纳花期三至十月。实际上，在零度左右的晴朗冬日，也能偶尔看到婆婆纳小小的四瓣花。

小草婆婆纳

年少病多应为酒，谁家将息过今春。

赊来半夏重熏尽，投著山中旧主人。

〔唐〕王建《寄刘蕡问疾》

半夏

Pinellia ternata

天南星科 / 半夏属

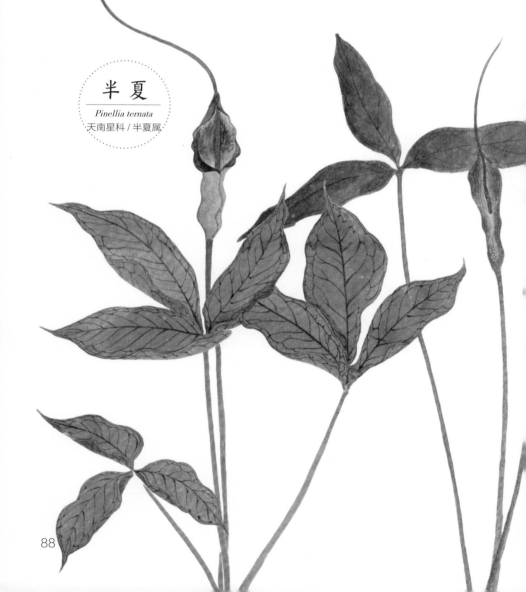

古人喜好文字游戏，常以药名联句作诗。二月算当归，于今将半夏；红娘不见当归客，老却菖蒲半夏过；预知半夏当归去，栀子开时应到家。以上均属此类。不怪文人好这一口，只怪许多植物的中文名的确太富于诗意词韵，令人情不自禁想要以之入诗。

日本人写俳句讲究带季语，即带有季节色彩的词汇。中国古诗虽无此等要求，但大抵人之天性钟情自然，诗词中凡涉及季节更迭时序变化的句子，总是更受欢迎，或许，这也是半夏频频入诗的原因。因为单是半夏两个字，就已经是一句诗，足以将人们一下子带到"连雨不知春去，一晴方觉夏深"的半夏时分，仿若满院浓绿一庭清荫已然触手可及。

半夏之名，由来已久，确实与夏季相关联，堪称夏日季语。《礼记·月令》记载：仲夏之月，半夏生，木堇荣。后世古籍抑或言半夏生小暑，或称半夏生于夏至后五日又五日。半夏，物如其名，是自古以来就被公认的夏季野草科代表。半夏生，则成为二十四节气七十二候中的夏至第三候。

如同很多天南星科植物一般，半夏也拥有明显易认的佛焰苞，但不同于天南星属佛焰苞的邪魅妖艳，半夏苞片纤巧，如窄狭试管，颜色多是清淡的绿白色，边缘偶带青紫，一茎纤柔，很是文秀优雅。肉穗花序上部的雄序一须长长，自苞片包裹中直直逸出，有时又俏皮地舞出一个 S 形，添了几分灵动，也宛如蜡烛中过长的灯芯。或因如此，日本人给它取了个别名"狐之蜡烛"。

> 半夏生，则成为二十四节气
> 七十二候中的夏至第三候。

栝楼与王瓜

栝楼与王瓜，均是古已有之的植物。《诗经》有句：果蠃之实，亦施于宇。郭璞《尔雅》解释：果蠃之实，栝楼也。此注，蠃得后世学者的一致认同。栝楼活在《诗经》里，而王瓜现身于《礼记·月令》中：孟夏之月……王瓜生，苦菜秀。古人认为，四月，立夏，第三候，正是王瓜抽芽开启一年新生活的时分。

古籍中时不时有"王瓜即栝楼也"的论调，同属栝楼属的王瓜与栝楼，一眼望去，确实一般模样。尤其花开时分，均拥有雪衣羽裳仙气飘飘的蕾丝边花朵，花丝纤长细微，如流苏缀玉丝，似璎珞垂雪缕，难以区分。

实际上，单是叶子，两者已有差别。王瓜的卵心形叶，很少开裂或仅有三浅裂，极罕见的才是三深裂，但栝楼的卵圆叶片，却常常拥有三至七个浅裂或中裂。到了果期，就更好辨认了，栝

我徂东山，慆慆不归。

我来自东，零雨其蒙。

果蠃之实，亦施于宇。

〔先秦〕《诗经·东山》（节选）

栝楼

Trichosanthes kirilowii

葫芦科 / 栝楼属

楼橙果更为浑圆略具球形，而王瓜果实则长圆形类似橄榄。

　　夏末秋初如去野外闲步，有极大概率能在小灌木丛废篱旧墙上采到栝楼的橙黄小瓜或王瓜的金赤小果，小小一颗，即使是学龄儿童的小手，也能一握数粒。

　　栝楼之名，古朴。王瓜之名，霸气。但名之由来，怕是很难找到答案。博物广闻如李时珍，也要感叹王瓜之"王字不知何义"。更糟糕的是，正如今日华南菜馆里的韭黄常写成韭王或九王，黄瓜在古代也常被写成王瓜，由于发音不准，无端端人为造成了王瓜黄瓜混乱。

　　王瓜有别称老鸦瓜，日文名与之倒很匹配，为"乌瓜"。大概日本人也觉得分辨栝楼与王瓜委实困难，仅凭印象觉得王瓜熟果为红色，而栝楼熟果是黄色，就简单粗暴地将栝楼称为"黄乌瓜"了。然而，这名字并不科学，因为栝楼果实也一样会黄而转橙，橙到发红呀。

天南星一棵

对很多人来说，天南星这个名字可能略显陌生。但一些天南星科观赏植物，如马蹄莲属的马蹄莲、花烛属的粉掌、白鹤芋属的白掌，可能大家都有所耳闻。

天南星科植物，很多拥有标志性的佛焰苞与肉穗花序。这一点在天南星属中尤其明显，肉肉的圆柱穗形花序外那一片形状特异的苞片尽态极妍，或阔大翻卷风致潇洒，或纤折三角宛如蛇头，既妖冶又魅惑，就连让密集物恐惧症患者头皮发麻的密密排列着浆果的果穗，也鲜红抢眼冶艳逼人。

然而，正因天南星属基本都拥有裂状叶、佛焰苞、肉穗花、浆果穗，普通人辨认它们的道路往往走到属这个层级就到了尽头。因为，虽然不同品种在叶苞花果的形状上各有特色，但面对一堆天南星，往往是要犯脸盲症的。

首先，天南星属的裂状叶很任性，叶片三浅裂、三全裂或三深裂，有时鸟足状或放射状全裂，裂片五至十一片或更多；其次，佛焰苞片有大有小，或粗或细，或紫或绿，形态百变；至于肉穗花序，顶端或浑圆如球，或尖长似笔，又或如棒如烛……若要区分一百多种天南星属植物，实在太考验记忆力。

相较于中国种名大多是某某南星，日本人取名似乎狡猾多了，往往以形取名：花序顶端有如日本点心的灯台莲，被称为"雪饼草"；叶形类似马镫的普陀南星，被命名为"武藏镫"；茎叶斑纹很像蝮蛇的细齿南星，则取名为"蝮草"。

说起来，天南星这个霸气的名字，也是依形而取，李时珍解释因根茎圆白有如老人星（又称南极星）。在古时，它又因叶形被称为虎掌。虽古代两名混用难解难分，然而虎掌之名在现代已归半夏属植物虎掌专有，并不适合再用作天南星的别名。

雨如覆盆来，平地没牛膝。回望无夷陵，天南星斗湿。

〔宋〕黄庭坚《荆州即事药名诗八首》

灯台莲
Arisaema bockii
天南星科 / 天南星属

Down in a green and shady bed, a modest violet grew;

its stalk was bent, it hung its head, as if to hide from view.

[英] 简·泰勒《堇菜》

一茎堇花娇

　　真的，春三四月，草长莺飞，闲花乱开，又何必窝在城市里，每天和花坛里堇菜的近亲——园艺家折腾出来的五颜六色的三色堇面对面？不如去田野间看花去，去踏青，去旅行，去路遇春天，去数一数陌上究竟有堇菜多少种。

　　龙生九子，各有不同，堇菜属植物亦如是。原生于中国各地旷野林间的一百多种堇菜属植物，叶形多变，叶片或掌状开裂羽状开裂，如裂叶堇菜、南山堇菜，或披针形长卵形圆肾形，如常见的东北堇菜、紫花地丁。堇菜花色也并不单一，紫色有深浅，白黄粉蓝亦属常见。

　　堇菜虽然叶形花色比较任性，好在花朵基本长得一样。无论什么样的花色，五片花瓣都组成相似的容颜：两枚上瓣向上微扬，两枚侧瓣无言轻张，一枚下瓣点着娇俏花纹招蜂

董菜

Viola spp.

董菜科 / 董菜属

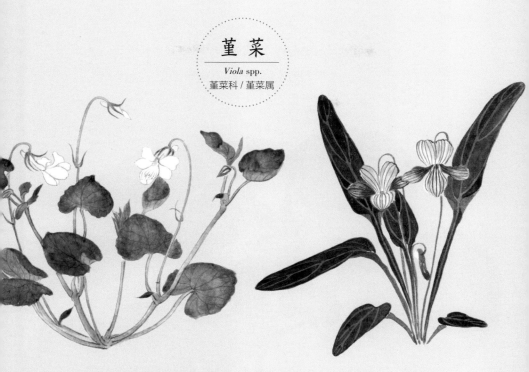

引蝶。都市里的园艺花卉三角董虽也风情万种，但还真比不上陌上董花的玲珑轻盈，风致嫣然。春日陌上一行，单是为着看看娇俏可爱的董菜花儿，都是值得的。诚如松尾芭蕉所言：行至山路上，何物惹人爱，一朵董菜开。

在地球之上，五百多种土生土长的董菜属原生植物年年春天吟唱着刹那春光，爱它的人很多。如果去读英文诗歌，常常能发现董菜的英文名字 violet，可惜的是，因为翻译界的历史遗留问题，以讹传讹，许多 violet 译成中文后，就变成了与董菜全不相干的紫罗兰。在雪莱、拜伦诗句里绽放着浅香的羞涩的 violet，其实是春天里随处可见的那一朵含羞带怯微微低首的董菜呀。

苘，枲属，高四五尺，或六七尺，

叶似苎而薄，实如大麻子。

〔宋〕罗愿《尔雅翼》（节选）

苘麻

Abutilon theophrasti

锦葵科 / 苘麻属

苘麻是那种极具辨识度能令人过目不忘的植物，尤其当它挂果之后，但见有如小灌木的粗秆上挂起一个又一个刻线均衡雕工精巧的绿色小磨盘，好奇的乡下娃娃揪下一粒，劈开磨盘，见到里面藏着一粒粒芝麻粒大小的白米粒，往往忍不住尝一口，虽然不可口，好在没有毒。苘麻有个同属姐妹叫磨盘草，就是因为标志性的石磨盘般的果实而得名。

身为野草，苘麻花朵称不上美丽，但在夏日里仍算是抢眼的一点黄，五枚金瓣围着一柱黄蕊，简洁小巧。夏八月起，往往花果同挂枝头，小金花配着青磨盘，底下是圆心形的大叶，在夏日绿野里，作为亚灌木草本，身形一米有余的苘麻，是很能吸引住人类视线的植物。

园艺爱好者也许对苘麻这个名字并不太陌生，只是在园艺界里出风头的并不是苘麻这种小黄花青蒴果的常见野草，而是更为美丽的开着如红色铃铛般花朵的苘麻属植物红萼苘麻以及其他园艺种。

虽说如今苘麻沦落天涯，却也曾有过入园圃植田地被人类精心栽培的时光。汉名里有麻字的植物，往往茎皮纤维能制成线，可编织为布为绳。在《诗经》时代，苘麻也曾是人类身上的华丽衣衫一袭，《卫风·硕人》里"硕人其颀，衣锦褧衣"里的褧，据说就是苘麻。甚至，直到徐光启写《农政全书》的明代中晚期，苘麻仍是人们"衣以桑麻"的众麻之一，"苘麻与黄麻同时熟，刈作小束……取其麻片，洁白如雪"。

应该，是棉花出现并为人所用后，苘麻才最终失欢于得新忘旧的薄情人类，重新回归旷野。

《卫风·硕人》里"硕人其颀，衣锦褧衣"里的褧，据说就是苘麻。

参差文竹秀

文竹之名，极为典雅。作为植物专用名的文竹，当然不是竹，不是有文饰的竹子，自然也不是"削文竹以为管，加漆丝之缠束"里制笔所用的有华丽花纹的斑竹，它只是枝干有节外形似竹而已。

虽不知这一原产非洲的植物缘何被称为文竹，但它的确不负其名，一株临风，常年青翠，姿态清逸，文质彬彬，是最宜置于夏季书案上，与书籍同室共处的清供佳赏植物。

文竹有叶纤纤，茎枝扶疏，长条参差错落，碎叶细影婆娑，既繁密又疏朗，既丰茂如云又飘逸出尘，如果在花盆中再点缀青苔，上下掩映，葱茏翠润，清姿雅韵，着实堪赏。只是，如想长久得赏这般美丽风致，首先得成为盆景高手，深知修剪之术。

竹子开花则亡，文竹却能年年有花。初秋时分，六瓣小白花如星般缀生于绿叶腋间，到得隆冬早春，青翠羽叶间就会挂上紫黑色的球形浆果，文竹虽以叶取胜，逢花期果季，却也另有一份别致之美。

文竹为盆景虽然秀气纤弱，但若地栽于庭院，任其展示拳脚，它就会一改文弱书生的模样，长势逼人，甚至显示出攀缘物征，一两年间往往就爬篱上壁，蔓成绿瀑森森的小森林，反而透着几分武气。

世上还真有武竹，其拉丁学名为 *Asparagus myriocladus*。另外，与文竹同属的非洲天门冬（*Asparagus densiflorus*），别名之一就是武竹，一茎如穗似鞭，确实武气汹汹，与文竹同属而异调。文竹还有个更知名的同属兄弟，即别名为芦笋的蔬菜界新秀石刁柏。如此说来，天门冬属，还真算得上是文武全才（菜）的一家子呢。

迎凉草，碧色，簳似苦竹，叶细如杉。

虽若干枯，而未尝凋落。

盛暑挂之窗户间，则凉风自生。

〔清〕《古今图书集成·博物汇编·草木典》（节选）

文竹

Asparagus setaceus

天门冬科 / 天门冬属

野花无主为谁芳，酒熟渔家擘蟹黄。

遇酒逢花须一笑，故留秋意作重阳。

〔宋〕史铸《野菊》

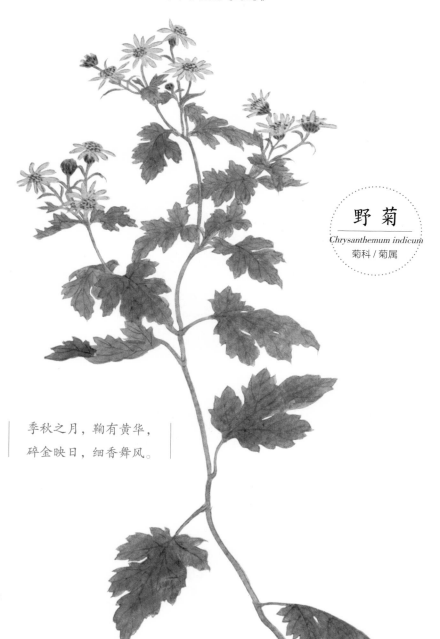

野菊

Chrysanthemum indicum

菊科 / 菊属

季秋之月，鞠有黄华，
碎金映日，细香舞风。

野菊闲无数

从前，农村孩子还在村办小学上学的时候，上学放学，都要穿花拂草。秋十月，走在乡间的小路上，往往沾得一身野菊香。野菊花期很长，从九月零星开，十月臻于鼎盛，随后又零零落落开到十一月末十二月初。若是在盛花期，野菊花可不仅仅是偶尔可见的一丛繁盛数株金黄，而是行边无处不黄花，一开就绵延数里。

如今再去乡下，野菊仍有，仍能自初秋开到初冬，只是偶尔这里一堆那边几株而已，再也见不到过去铺天盖地的径穿野菊布黄金。那个让野菊群落日见凋零的物什，也许名叫农药。

在农药这种生化武器还未诞生的数千年前，野菊早就已经在野有幽色，占据地球了。季秋之月，鞠有黄华，碎金映日，细香舞风。甚至，连朝饮木兰夕餐秋菊的屈原，吃下的秋菊也可能是它。也许，如今万紫千红、千姿百态的园艺花卉菊花，在菊科植物的聚会中，若见了野菊，只怕也不得不恭恭敬敬地叫它一声老祖宗。

好花莫提当年勇，后世，菊花后来居上，声名显赫，园艺种层出不穷。菊花不再冷，不再瘦，不再清，不再静，肥菊艳朵纷纷在都市的菊展里争奇斗艳。只有野菊，数千年过去不改初衷，开在荒径旁，开在野篱中，依旧一朵黄花瘦，迎风舞未休，唯一改变的是它脚下被污染的土地。

开在田野的菊科植物无数，而野菊是最容易认出来的那一种。黄花金光灿烂，细小浑圆精巧，绿叶类似菊叶，往往掌状或羽状带裂而且边缘有齿。它有浓香，但这香味未必人人欣赏，嫌弃野菊香味太过粗犷太能提神醒脑的，大有人在。

不可居无竹

高大的青竹，有如乔木，一竿如箭，直冲云霄。可是，竹并非木本，而是禾本科的草本植物，虽然有着木质化的躯干，却并未被归类于乔木或者灌木。

无竹令人俗，古之文士雅客对竹极尽推崇。竹生有节，一节复一节，千枝攒万叶，被赋予气节忠贞的人类性格：未出土时就有节，及凌云处尚虚心。人类又喜它挺拔，赞它直立不阿，万物中潇洒，修篁独逸群；爱它迎霜傲雪，终年色如一，垂翠不惊寒。在文人的草木分类学里，竹，与梅兰菊组团是四君子，与梅松结队同行则为岁寒三友。

然而，刚直、忠贞，都只是文人授予的冠冕。对于凡俗大众来说，即便没有这些投射着人类三观的形容词，竹子，都是他们心中的无冕之王。

先秦时代，它是钓鱼工具：籊籊竹竿，以钓于淇。后来，它成为思想与历史的载体：竹简韦编写六经。其后，好竹连山觉笋香，竹篱茅舍自甘心，竹杖芒鞋轻胜马，竹床蒲扇养天真，竹箫吹落黄昏月……数千年来，屋畔一丛竹，不仅雨洗娟娟净风吹细细香，宜烟宜雨又宜风，让宅院添了三分生机七分雅意，且几乎包揽了人类衣食住行的方方面面。

酷爱画竹的郑板桥不懂植物，所以才写下这样的句子：我自不开花，免撩蜂与蝶。郑板桥并不知道，竹子开花，就意味着这是它生命中最后的表演，它将为新的一代耗尽生命力，花凋，果成，生命就此走到尽头。而且，一"处"竹林往往就是一"个"竹林，数千竿修竹往往是同根生，地下茎同气连枝，作为同一个生命体，一起开花，一起死亡，一起将生命的下一次轮回交给种子。然后等待着，种子带来又一个春天的林迸穿篱笋，笋添新竹绿。

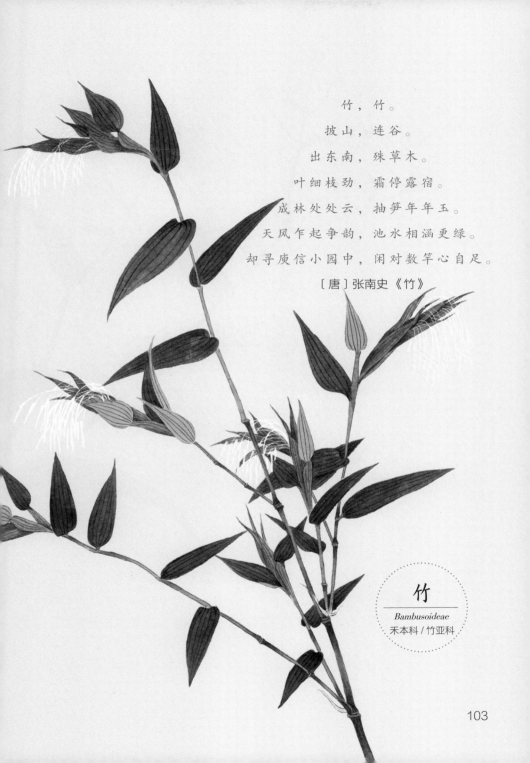

竹，竹。

披山，连谷。

出东南，殊草木。

叶细枝劲，霜停露宿。

成林处处云，抽笋年年玉。

天风乍起争韵，池水相涵更绿。

却寻庾信小园中，闲对数竿心自足。

〔唐〕张南史《竹》

竹

Bambusoideae

禾本科 / 竹亚科

103

紫菀漫地星

普通人在面对紫菀、马兰、狗娃花时总会秒变脸盲,一脸茫然。虽然植物学专家说区分重点在于总苞片,然而对于连总苞片是什么都不知道的路人而言,或者最为便利的方法,还是按色区分,叫它们小紫菊、小白菊、小黄菊……当然,非要科学一点的话,既然都归入了紫菀属,不如统一称为紫菀。

据说区分马兰与紫菀还有个简单方法,即一般情况下,马兰一枝一朵花,枝长而稀疏;而紫菀一枝数朵花,枝短而繁多。只是,大家都知道,植物有时也很任性,花叶形状花瓣数量均有可能随机变异,这一区分方法一般来说很有用,但并非绝对正确。

紫菀的拉丁属名为*Aster*,其含义为星状体。从前,马兰(*Aster*

indicus）和狗娃花（*Aster hispidus*）均单独成属，如今它们都并入紫菀属。这些星星点点开于田野之上的或浅紫或浓紫或紫白色的舌状小花朵，终于都归于 *Aster* 名下，成为装点大地的漫地星花。

自古成为药草的紫菀，据古书载，乃因根色紫且柔宛而被命名为紫菀。根茎柔婉的紫菀其实一点也不柔弱，作为多年生的草本植物，它的根牢牢拥紧大地，农人随手一扯，被扯掉的往往只是地上茎叶而已，来年春天，它依旧会春风吹又生，紫茎绿叶覆地成毯，夏秋时节就浅紫繁星漫成一片。

因为紫菀、马兰、狗娃花太常见了，与它们比邻而居的乡下人，没有一个人将它们当成风景。倒是村中小娃娃，最喜揪它们一片片的舌状花瓣，于是，地面往往铺了一层层星之碎片。

紫菀……三月内布地生苗叶，
其叶三四相连，五月六月内开黄紫白花，
结黑子，本有白毛，根甚柔细，
二月三月内取根阴干用。
〔宋〕寇宗奭《图经衍义本草》（节选）

紫 菀
Aster tataricus
菊科 / 紫菀属

金气棱棱泽国秋，马兰花发满汀洲。

富春山下连鱼屋，采石江头映酒楼。

〔明〕舒芬《马兰花》

马兰

Aster indicus

菊科 / 紫菀属

读汪曾祺的文章，看他写祖母用马兰头制作包子馅，才知道马兰原来是可供食用的野蔬。在地处华中的家乡，马兰虽然随处可见，却只是不知名的野草。故乡人并不如江南人一般，采撷它的嫩茎叶食用。

后来，终于有机会在江南吃到在文字里无声诱惑过自己千万遍的马兰头拌香干时，不禁为故乡人民的无知而一声叹息：多好的野菜，竟然被无视！

马兰可食，古已知之，南宋高翥有句"马兰旋摘和菘煮"，赵蕃则写"鱼今绝市菜无有，欲问居人啖马兰"，不过写诗的人似乎都是江南人或曾客居江南，或许，春食马兰头从来都只是江南专有的古习而已。

不仅马兰头，江南人春日原本钟爱采摘各类时令野蔬。陆游有诗《春草》："离离幽草自成丛，过眼儿童采撷空。不知马兰入晨俎，何似燕麦摇春风？"这大概就是江南人群起出外踏青采撷马兰头、苜蓿、荠菜、拟鼠曲草的春日景象，是实打实的吃春天。清代杭州人袁枚连菜谱也奉上："马兰头菜，摘取嫩者，醋合笋拌食。"

身为多年生草本植物，喜生湿润地带的马兰，每年春天，老根应时而醒，抽出青茎嫩叶，油绿而又微带柚香，若不及时采食，未几就茎老叶粗，不堪食用了。到得入夏，马兰就断续花开，或零星或繁盛，自夏五月开到秋深。枝长花疏的马兰花，一枝往往只得一朵花，小小一朵浅紫星芒。在日本人看来，马兰的颜色和姿态都很温柔，宛如新嫁娘，所以名之为"嫁菜"。

马
兰
和
菘
煮

风吹蒲公英

对蒲公英种子而言，风一吹便是一场旅行，御风而行，落在哪里，便就地长成一棵崭新的黄花地丁，发芽，生叶，抽茎，开花，再送出无数架着小飞机的新种子。于它，四季是一场无尽的花开花落圆舞曲，纵使是冬季，只要数日天气煦暖，一线阳光灿烂，就会有那么几朵生命力旺盛的蒲公英见机而开。然后，迎来三月，迎来它一路繁花的春天。

是的，即便在零下几摄氏度的气温中瑟缩，即便叶枯茎残，并不代表蒲公英已然死去。作为多年生草本植物，它顽强的根系永远在地下无声地蓄力，等待着气温上升阳光照耀大地，稍有机会，就开出黄花朵，结出白絮球。故而，只要不是冬季漫长的苦寒地带，中国许多地区全年都可以看到蒲公英金黄色的花朵。

在户外游玩的人们，常爱摘取它毛茸茸的小球，扑哧一吹，蒲公英的种子开始旅行，成年人也瞬间找回久违的童心。至于孩童，更是蒲公英绒球的疯狂采集者，小小身躯一路俯下摘取，非得摘得双手盈握才肯罢休，然后，鼓腮作气，在漫天飞舞的绒絮里绽放天真的笑脸。

蒲公英英文名 dandelion，据说源自法语，因为叶缘锯齿仿若狮子牙齿。虽然狮子很生猛，但是春来，蒲公英新叶嫩润，狮子牙齿也是可以入食为菜的，前提是需要耐得住那般清苦滋味。在资源缺乏的战争时期，蒲公英根系也曾被加工充当咖啡饮用。自然，它也是中草药之一。

蒲公英常见黄花铺地，但其实也有开白花的品种，不管黄花白瓣，终究都会变成一轮雪白的降落伞，任人类扑哧一吹，便自在飞向天涯，飞向新的生命旅行。

干枯散落的蒲公英，默默躲在瓦缝里，

一直等到春天来临，它强健的根眼睛看不见。

看不见却在那里，有些东西看不见。

[日]金子美铃《星星和蒲公英》（节选）

蒲公英

Taraxacum mongolicum

菊科／蒲公英属

草母初生认禁烟，无家对景倍凄然。

帝城春色谁为主，遥指乡关涕泪涟。

〔宋〕赵佶《清明日作》

拟鼠曲草
Pseudognaphalium affine
菊科 / 拟鼠曲草属

清人连横《台湾诗乘》有句：宜雨宜晴三月三，糖浆草粿列先龛。诗中草粿乃用拟鼠曲草和米粉制作而成。拟鼠曲草原名为鼠曲草，新分类中加了一个"拟"字。"曲"字读音"屈"，简化自"麹"字，意为用粮食酿酒时所用的酒曲。鼠曲之名看似来得有点莫名，其实不然。李时珍如此释名："曲言其花黄如曲色，又可和米粉食也；鼠耳言其叶形如鼠身，又有白毛蒙茸似之。"原来拟鼠曲草花的黄色与酒曲类似，故而得名，此解释尚称合理。

以拟鼠曲草为原料制作饼食的习俗，华夏各地多有流行，江南清明时节出名的糕点青团，虽多用艾蒿，但亦有以拟鼠曲草为材料的，是以拟鼠曲草又被称为清明菜。

食用拟鼠曲草的习惯也非中国独有，中华旧有正月初七人日食七草粥习俗，流传至日本后，成为日本沿袭至今的传统，日文名为"母子草"和"御形"的拟鼠曲草，即为七草粥原料之一。

中国许多地方都知道善用这种随处可见的春日野草，无论制成草粿还是青团，拟鼠曲草那一缕菊科植物特有的香气，弥漫于舌齿中鼻息间，成为许多人难以忘怀的食物记忆。

春来无限野草生，而拟鼠曲草是原野里最易辨认的野草之一。在一片嫩绿浓翠中，它泛灰的白绿色叶片特别出众，因为枝叶花均覆有纤白绒毛，自带磨砂与丝绒效果，别具特色。而到了花期，茎梢一抹小黄花聚集丛生，也分外抢眼。

当然，同属异种向来最难区分，如果遇上拟鼠曲属中的其他植物，想要从中找出拟鼠曲草来，还是需要一点植物知识与眼力的。

一缕鼠曲香

竞染红蓝花

红花，并不开红色花朵，花色常为橙红、橙黄甚至纯黄。之所以命名为红花，大抵因它自古便是上佳的红色系草木染材。绢帛鲜华由染工，红花紫草遂收功。红花，是与茜草齐名的红色染材，甚至有一个相同的别名：红蓝。东晋人习凿齿《与燕王书》云："此下有红蓝，足下先知之不？北方人彩取其花染绯黄，接其上英者作燕支，妇人用为，颜色可爱。"

身为菊科植物的红花，乍一看，形态更接近同科亲戚蓟属植物，叶片一样有着锯齿且齿顶生有针刺，就连花朵也是相同的头状花序，管状花丝狭细，丝丝如线，蓬然似绒球。只不过花色相异，蓟花常为紫色而已。

与蓟只是形似，与鸢尾科番红花（藏红花）则撞名。红花与藏红花同为药材，药效虽有区别却也有相同之处。藏红花可入药的线状花柱，每朵仅有三支，因为稀少故而珍贵。而红花则全花入药，丰产故价廉。因为两者晒干后同为红色细线形状，往往有不良商人以红花充当藏红花。其实藏红花较之红花，拥有浓郁异香，常用作香料。

日本古代名著《源氏物语》中的女性人物常以植物为名，其中有名为"末摘花"的丑陋女子。末摘花，即为红花的日文别名。末摘之名，取红花开于茎枝末端而被摘取使用之义。此名初看虽很奇怪，但较之没有特色的红花二字，倒也更为别致。

红花种子可以榨为可供食用的红花籽油。红花籽油，并不是大名鼎鼎的跌打药油红花油。红花油的主要成分并不包括红花，它可是吃不得的。

红花颜色掩千花，任是猩猩血未加。

染出轻罗莫相贵，古人崇俭诚奢华。

〔五代〕李中《红花》

红花

Carthamus tinctorius

菊科 / 红花属

杜鹃一如夜莺，

欲把春光留住，

怎奈夏已催春离去，

用遍野的荨麻蓟草。

[德] 歌德《中德四季晨昏杂咏》（节选）

蓟

Cirsium japonicum

菊科 / 蓟属

春来，碧绿草萦堤，红蓝花满溪。万千春草中，总少不了蓟属植物的身影。然而，它们往往并不在受人欢迎的野草行列，原因无它，叶片周身带刺，动不动割人体肤惹人嫌弃耳。也因如此，它或者是最易辨认的菊科植物，毕竟与它一样叶片带有针刺的菊科植物，并不多见。不过，若要靠外貌区分蓟属内诸物种，还是有难度的。

虽然蓟叶遍生尖刺，但它的嫩苗却是古时的救荒本草之一。大概幼叶细嫩，即使带刺，也是遇热即化的软猬甲而已。古人说"采嫩苗叶，炸熟，水浸淘净，油盐调食，甚美"，这份美味是否确凿无疑，尚需好奇胆大的吃货品尝一下，才得以检验真伪。

蓟苗是否好吃，结论待定。蓟花富于个性，却是明确事实。它那由管状花聚合而成的头状花序，攒成毛茸茸的浅紫半球或紫红圆球，在春夏田野间，或软萌可爱地探头探脑，或召开花头攒动的集体会议，从四月至深秋，生生不息盛开不止。行人见它花球娇美，往往禁不住伸手采摘，旋即遭到蓟叶的无情反击：手指为尖刺所伤。

蓟草喜旱易长，农家旱田若是闲置，很快就会被蓟草占领。农人见了那刺蓟深一尺，紫花漫一田，往往全无观花赏草的审美心境，只有恶草难除的无奈叹息。蓟之所以具备超强生命力，它那类似于蒲公英的绒球种果功不可没。夏秋之际，如果摘下蓟花绒球，如同对待蒲公英那样，以口相就，扑哧一声助它一点轻风，蓟的种子也将如蒲公英一般，擎着降落伞飘散四处，寻觅新的居所，寻找下一个繁荣的春天。

115

卷耳不盈筐

因《诗经》之故，卷耳之名，闻于天下。然而，将古之草名落实到今之植物上时，却难有确凿无疑的名物匹配定论。虽有学者承袭古人之说，以绝对肯定的语气认为《诗经》中的卷耳即为苍耳（*Xanthium strumarium*），但此论并不令人信服。

个人更尊重另一种观点：以卷耳为苍耳，只是古人因字形相近而误以《尔雅》注解"卷耳，苓耳"中的苓为苍，以致以讹传讹而已。

一年生的草本植物卷耳，植株遍覆茸毛，披针形小叶形如鼠耳。日文名为"耳菜草"，英文名是 field mouse-ear，中日英三名，皆以耳入名，大抵均取其形似。卷耳往往喜与同科植物繁缕联袂同生，一不小心，就被当成同一种植物，因两者叶花均很相像。若要区分，倒也有诀窍，即以体毛为标记：幼时匍匐成年后直立生长的卷耳周身均生有柔软细毛，而喜欢平卧躺倒的繁缕则只有茎上有一点短短柔毛。

卷耳开五瓣白色小花，如繁缕一般，花瓣前端往往有裂。只不过繁缕深裂直至花心，而卷耳花瓣只是俏皮地裂出兔子耳朵般的模样，一朵小花，便有五只小小的兔耳朵迎风跳动。卷耳花朵虽略大于繁缕，但终究细碎，即便正值盛花期，小小白花也不过如星光点缀绿野，并不会有蒲公英花海、紫云英花田那般春意弥漫的气势。可是，人类若肯蹲身俯就细看，就不难发现卷耳的小小花儿，也是非常娇俏可爱的。

正因叶片细小，古人采之为蔬，往往费时甚久也未满一握。也正因如此，卷耳为苍耳之说才显得可笑。若采的是叶大于人掌的苍耳叶，要采满一筐可就容易得多了。

采采卷耳，不盈顷筐。嗟我怀人，寘彼周行。

陟彼崔嵬，我马虺隤。我姑酌彼金罍，维以不永怀。

[先秦]《诗经·卷耳》（节选）

球序卷耳
Cerastium glomeratum
石竹科 / 卷耳属

苍耳满衣裳

从前，苍耳是武器。乡间孩子秋季打闹嬉戏，若刚巧身边有一株果实累累的苍耳，往往随手摘取数枚，如扔暗器似甩飞镖，向小伙伴投掷过去。结果，要么是攻方主动上前帮手自衣衫上摘取这遍身钩刺的纺锤形暗器，而两人相视大笑泯恩仇；要么是中招方跺脚落泪，投掷方自知过分，闹得不欢而散。苍耳子若是落在女孩子的长发上，越是想要摘取越是深深缠绕发丝，最终往往只能以剪掉那缕头发收场。诗仙李白也曾是倒霉鬼之一：不惜翠云裘，遂为苍耳欺。

即使苍耳满衣裳，细细摘掉即可，不过略有点费事而已。相形之下，还是被撒了一头苍耳的女孩子更为凄惨。而自被人类自

城壕失往路，马首迷荒陂。不惜翠云裘，遂为苍耳欺。

〔唐〕李白《寻鲁城北范居士失道落苍耳中见范置酒摘苍耳作》（节选）

苍耳

Xanthium strumarium

菊科／苍耳属

118

衣裳发丝上摘取的那一刻起，苍耳种子已借由人类这个"顺风车"，如愿完成了它草生的初次冒险旅行。

作为菊科植物的苍耳，因为小刺猬般的果实太有个性，往往被人忽略它的枝叶形状。一年生的苍耳，身形高大，甚至可达一米，门前苍耳与人齐的诗景，实非夸张。然而冰盘馈苍耳的操作，也许却是误以卷耳为苍耳的错认。

文学与植物学往往并不相通，更何况古之文士往往缺乏植物学知识，将卷耳、苍耳等同为一物。杜甫有诗《驱竖子摘苍耳》，写秋季采摘情景，"卷耳况疗风，童儿且时摘"，便属此例。今之学者，或有认可古人之说，以诗经与杜诗中之卷耳即为苍耳。实际上，此论未必正确。秋时苍耳株老叶枯，很难想象还能入食，更何况现代科学证实苍耳全株有毒。古籍里的卷耳，更有可能就是被现代植物学家定名为卷耳的植物。

禁殿安萤尾，骚人逐毕方。

何如栽此草，有火自能妨。

〔宋〕王十朋《书院杂咏·慎火草》

八 宝

Hylotelephium erythrostictum

景天科 / 八宝属

丹房记景天

　　八宝，景天科八宝属植物，又名八宝景天、对叶景天。它有着白绿色椭圆对生叶片，叶缘小小锯齿宛如微风泛起的绿色小波浪，若用手触碰，便会发现它叶片厚实，俨然就是时下流行的多肉植物，而它，确实是多肉之一种。景天科名下有一千五百余种植物，多数均为多年生的肉质草本，换言之，今日受尽世人青睐的多肉绿植，基本上均出自景天门下。

　　其实，盆栽多肉植物，并非今人之专利。早在古时，已有此习。《古今图书集成》记载，"陶弘景曰：众药之名，景天为丽，人皆盆盛，养于屋上。云可辟火，故曰慎火"，"人家种于中庭，或盆置屋上，春生苗，叶似马齿苋而大，作层而上，茎极脆，弱夏中开红紫碎花"，"极易种，折枝置土中，浇溉旬日便生也"。

　　慎火，在古时为景天的别名，然而此别名，却并非植物景天独有。甚至连景天二字，在古代也非植物景天的专用名，如同慎火一般，它也是夏夜里最浪漫的昆虫萤火虫的别名之一，"萤火一名耀夜，一名景天"。

　　为何萤火虫与植物景天的名字频繁交叉重叠？或许因为景天肉质叶片富含汁液，故古时才将之置于屋顶，以水拒火，与不火而明的萤火虫有异曲同工之效；又或许因为景天夏末花开繁茂，小花白中沁粉，五瓣细花星星点点宛如萤火。

　　景天科植物往往采叶插土即能生根。八宝在日本有个别名叫活草，而生于欧洲的欧紫八宝（*Hylotelephium telephium*），英文名不仅有写实的 live long，更有夸张的 live forever。不过，也许后者并非夸张，景天科植物若放诸自然自由生长，也许真的能生生不息长生不死吧。

林阴商陆花

　　"人高马大"的草本植物商陆，茎梗粗而叶肥阔，若得天时地利，往往株高近人高，让人疑心它根本不是草而是小灌木。生于路畔的商陆，即使仅有一株，也能霸占较大一片空间，活脱脱腰阔膀圆的鲁莽壮汉一个，与它颇具古朴雅意的名字完全不相配。

　　商陆（*Phytolacca acinosa*）原是中国土产。被中国文人咏叹不休的杜鹃啼血的传说里，也有商陆的身影："至商陆子熟，鸣乃得止耳。"

　　别名为野萝卜的商陆，一如别名，根系粗大肥硕有如萝卜，作为多年生草本，它生命力顽强，原本处处皆有。然而，商陆虽是壮汉，奈何草外有草，敌不过原生北美的外来同属亲戚垂序商陆（*Phytolacca americana*），这是个株高两米左右的超级巨人。近年来商陆已被后者排挤得几无存身之处，日渐稀少。

砌草茸茸石径斜，
竹篱茅舍带江沙。
昼长睡起多情思，
看遍林阴商陆花。

〔明〕苏大《山房睡起》

122

垂序商陆，无论株高还是生命力，均胜土生商陆一筹。然而，它仗着身形高大遮天蔽日，搅得方圆数米寸草不生，终于因扰乱自然生态平衡和泛滥成灾，由特意引进的观赏植物沦为榜上有名的入侵物种。

　　区分两者，倒也容易。商陆的总状花序如穗绵长，但无论花期果期均直立向上。垂序商陆则不然，一如其名，花序果穗均向下垂坠。

　　一如许多中药材，商陆虽可入药，却也有毒。人们有一种误解，往往以为若要辨别野果是否可食，只需要以鸟类是否取食作为参照。其实许多野果，鸟吃了没事，人吃了却会致命，商陆即是如此。所以，无论是密实排列的商陆果实，还是稀疏垂挂的垂序商陆果实，切莫因为它们紫黑如珠，粒粒晶莹可爱，就轻易采撷甚至入口试吃。

商　陆

Phytolacca acinosa

商陆科 / 商陆属

少赋令才犹强作，众医多识不能呼。

九茎仙草真难得，五叶灵根许惠无。

〔唐〕段成式《寄周繇求人参》

人参

Panax ginseng

五加科 / 人参属

人参在中国人的词典里，是
百草之王，是仙药灵丹，是
能幻化为白胖娃娃需要系上
红绳才能拴住的千年仙草。

下有人参，上有紫气。人参在中国人的词典里，是百草之王，是仙药灵丹，是能幻化为白胖娃娃需要系上红绳才能拴住的千年仙草。被神话化的人参，就连西方人为它起名时也受中国思维影响，拉丁学名里的属名 *Panax*，由希腊语 pan（全部）和 akos（治愈）组成，完全认同了中国人认为人参包治百病的说法。

人参原写为人葠，"人葠年深浸渐，长成者，根如人形，有神。故谓之人葠神草"，改为星宿参星的参字，是因葠字罕见又难写。

人参之所以被神化仙化，一因野生人参生于苦寒地带深山邃谷，生长周期漫长，一年生一叶，五年或结果，若要寻获"青桠缀紫萼，圆实堕红米"，"三桠五叶，背阳向阴"的成年人参，委实艰难，难求故珍之，珍则神之奇之；二因人参确有药效，虽不至于能回天地春，但柔茎定续蒸黎命的滋补力应该还是有的；三因根形特征，诚如苏轼诗句"灵苗此孕毓，肩股或具体"，人参肥厚的圆柱形肉质根往往下端分叉有如人腿，略加想象，就变成传说里精灵古怪的人参娃娃。

然而，再受人类推崇，世间终究没有包治百病的灵草。即便是缺乏现代科学理论的古人，也知道人参固能扶羸济弱，却不宜人人时时服用。虚不受补者有之，助正气即助邪火者有之。即便是每天二斤人参也吃得起的贾府，纵使有人参养荣丸护身，那些红楼一梦里薄命司的金陵钗环们，还不是依旧香消玉殒。

或许，对现代人来说，真正能强身健体的现代"人参"，是每天迈开腿的运动习惯。

酸浆红姑娘

酸浆最美丽的时光，不是花开的时候，而是果实成熟的时刻。尤其当包裹于红果之外的纸质果萼被时间镂刻成织纹网脉模样时，酸浆果实就宛如一提精工细刻巧手雕琢的工艺镂花灯笼，弥漫出天造地设的自然之美。

茄科植物酸浆，卵针形长叶很常见，白色小花极素净，在众芳竞彩的春天毫不抢眼。但到了万花为暑热秋霜所苦的夏秋季节，酸浆就脱颖而出开始尽情表演了。

整个夏季，酸浆往往花果同枝，一边厢白花垂坠，一边厢青灯轻悬。到得仲夏，一盏盏青灯逐一点黄染红，恰似挂起了一串串的喜庆小灯笼，是以，酸浆另有别名为挂金灯，而英文名之一是 Chinese lantern plant（中国灯笼）。

挂金灯到了邻国日本，名字就变成了"鬼灯"。虽然名字不佳，但实际上日本人对它钟爱至极，不仅培育园艺品种，且每年七月九日、十日，日本各地都有"鬼灯市"，尤以东京浅草地区的酸浆市集最为有名。有此专门集市待遇的植物，在日本唯酸浆与牵牛花而已。

在果囊尚未风干幻化为可透视的网纹外罩前，酸浆果，外垂绛囊，内含赤珠，要残忍地撕开它的灯笼罩衣，才能得以一尝酸甘可食的果实。说起味道，酸浆红果虽美，滋味却比不上毛酸浆（*Physalis philadelphica*）的黄色果实。被称为姑娘果出售的水果，基本上都是毛酸浆。姑娘之名，很是奇怪。古人解释姑娘乃瓜瓤谐音之讹，恐是正解。

在为酸浆取名上，相较于中文名的象形，英文名的写实，日文名的鬼气森森，法文名最为浪漫，为 Amour en cage（笼中之爱）。究竟，酸浆那囿于灯笼之内的赤色珠果，是否真的是一腔被禁锢的火红爱意呢？

126

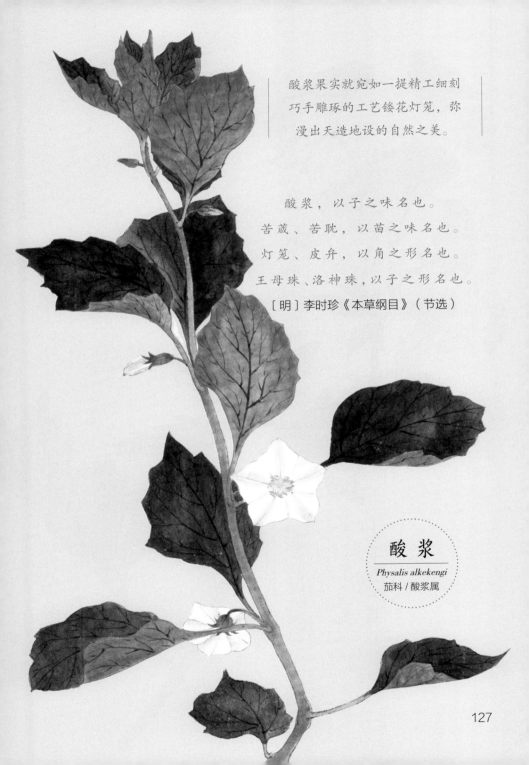

酸浆果实就宛如一提精工细刻巧手雕琢的工艺镂花灯笼，弥漫出天造地设的自然之美。

酸浆，以子之味名也。
苦葴、苦耽，以苗之味名也。
灯笼、皮弁，以角之形名也。
王母珠、洛神珠，以子之形名也。

〔明〕李时珍《本草纲目》（节选）

酸 浆
Physalis alkekengi
茄科 / 酸浆属

127

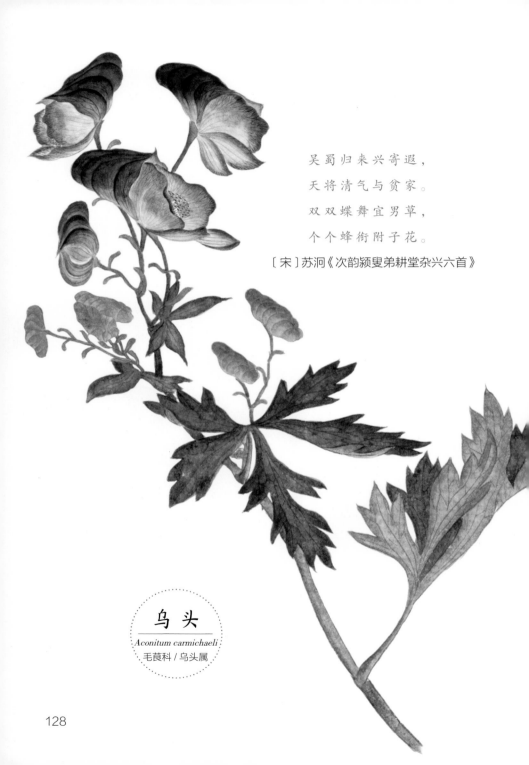

吴蜀归来兴寄遐，
天将清气与贫家。
双双蝶舞宜男草，
个个蜂衔附子花。

〔宋〕苏洞《次韵颖叟弟耕堂杂兴六首》

乌头
Aconitum carmichaeli
毛茛科 / 乌头属

乌头花朵很大也很梦幻，花梗高高挑出，长度可达十厘米的总状花序上缀花十余朵，蓝紫泛白的五瓣花萼形状别致，娇薄纤妍，风致优美。然而，也许只有在热爱园艺的英国，乌头属植物才能有幸成为花园栽培的观赏植物。因为，它是举世知名的毒草。

乌头属成员甚众，无一不毒。无论生于地球的哪个角落，它似乎终难避免沦为人类作恶的工具。闻名于世的埃及艳后克利奥帕特拉七世就是用乌头毒死政敌托勒密十四世，将自己的儿子推上王位，乌头的英文名称之一"毒药女王"（queen of poisons）或许正源于此。

在文艺作品里，乌头更是毒影幢幢。在王尔德、莎士比亚、乔伊斯等知名作家的著作中，均有它的身影。在东方故事里，乌头毒液常被涂在箭头之上，"秋收乌头为毒药，以射禽兽"。到得《三国演义》里，"此乃弩箭所伤，其中有乌头之药，直透入骨"，就演绎成关羽刮骨疗毒的英雄传说。

有毒并不是乌头的错，错的是发现了乌头之毒并以之作恶的人类。然而人类只能看见乌头的毒却忽视它的美，无人为之正名，反而不断将之污名化。在希腊神话里，乌头被描述成由毒蛇缠身的地狱看门犬刻耳柏洛斯（Cerberus）狂吠时喷溅出的毒液落地所生之物。而因为乌头花朵上部的萼片阔大如帽又似头盔，在英语里，它就被嫌弃地称为"魔鬼的头盔"（devil's helmet）。

其实，乌头虽毒，也不过是与人类一般生于自然山川的生物之一。只要人类肯以纯粹欣赏的眼光去关注它美丽的花朵，它便只是大地上一株自在花开的植物，与人无扰，于众生无害。

龙葵果团团

龙葵有个很别致的英文名 black nightshade（黑色夜影），宛然就是武侠小说里刺客的绰号。名之由来，应与龙葵黑黝黝的圆珠形浆果有关。在英文百科网站，无论是搜索 black nightshade 还是龙葵的拉丁学名 *solanum nigrum*，往往会跳出关联词 poisonberry。之所以如此，主要因为 nightshade 这个词，是与龙葵同科异属的知名毒草颠茄的英文名。

在中国，龙葵可谓遍布大江南北。它的众多别名，常与蔬菜关联：天茄、野辣椒、苦葵等等。然而这种花叶宛若辣椒茄属植物，却在人类漫长的蔬菜栽培史中被无情淘汰掉，究其原因，或因龙葵之叶，生食有毒，龙葵之果，未必美味。在物质充足的升平盛世，这种带有生物碱的含毒植物，还是谢绝口嚼，眼观为佳。

如果说"黑色夜影"之名具侠气，那么在以龙为尊的中国，龙葵之名则自带霸气。与龙葵一样以龙入名的，尚有茄科龙珠属植物龙珠（*Tubocapsicum anomalum*）。因龙葵龙珠形体相似，李时珍将两者视为一类二种，认为区别仅在龙珠果赤而龙葵果黑。事实上，除了果色相异，龙葵果实往往一蒂数颗同缀，龙珠红果则常是单颗独挂。

因将龙葵、龙珠视为同类的缘故，中国古籍常言龙葵"子大如珠或赤或黑"，然而此说却未必完全错误。古人万万不会想到，大自然藏物无数，后世之人居然发现山川之间竟然也生长着挂着红色熟果的红果龙葵（*Solanum villosum*）。

除了龙珠，李时珍似乎也将龙葵、酸浆视为一类二种，这就错得有点离谱了，毕竟果实差异非常明显。或许日本人在这一点也受到中国影响，于是龙葵的日文名就只比酸浆多了个莫名其妙的犬字，为"犬鬼灯"。

王瓜后，靡草前，荠却苦，荼却甘。

贝母花哆哆，龙葵叶团团。

苦菜，苦菜，空山自有闲人爱，竹箸木瓢越甜煞。

〔唐〕王质《山水友余辞·苦菜》

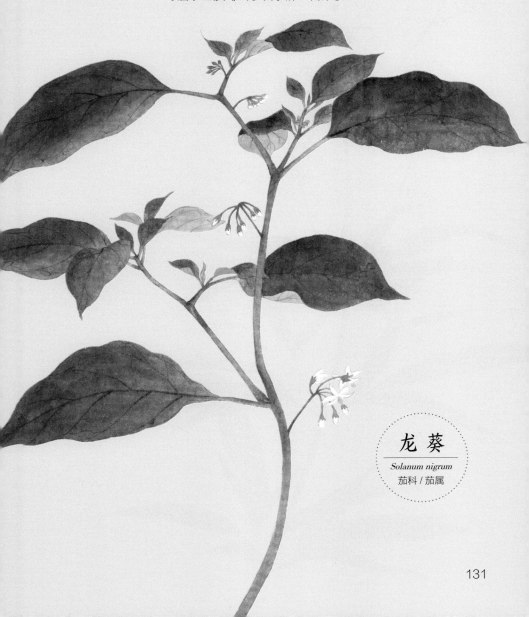

龙葵
Solanum nigrum
茄科／茄属

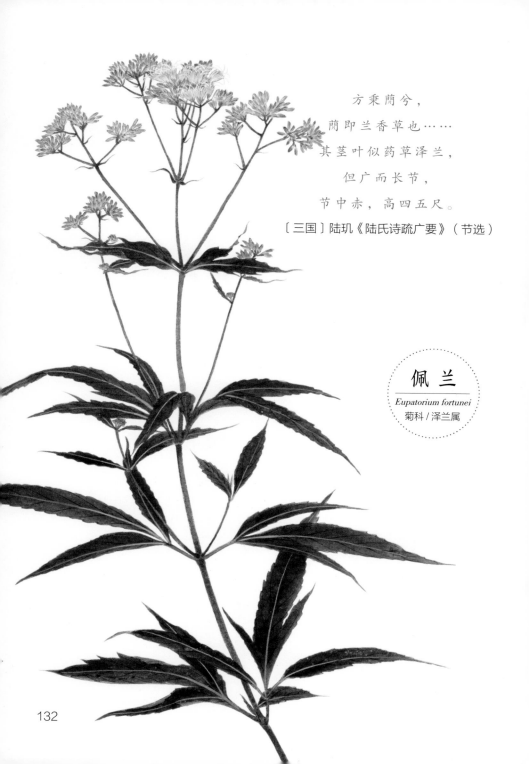

方秉蕑兮，
蕑即兰香草也……
其茎叶似药草泽兰，
但广而长节，
节中赤，高四五尺。
〔三国〕陆玑《陆氏诗疏广要》（节选）

佩 兰
Eupatorium fortunei
菊科 / 泽兰属

古之兰草，并非今之兰科植物，而是菊科植物佩兰。今人喜植香草，但多植外来品种如薰衣草、罗勒之类。其实佩兰才是自古有之的中国香草，若用手轻揉佩兰植株与花朵，则有宛若薰衣草香味的幽香盈手。

今人种植香草植物，常以之入馔或作茶饮。古人则以之制成熏香，或填入香囊佩戴，"德芬芳者佩兰，古之佩者，各象其德"，《离骚》"纫秋兰以为佩"即如是，句中之秋兰，后世多认为即为佩兰，而佩兰之名或者也源于此。

三国时吴国人陆玑在其著作《陆氏诗疏广要》中就佩兰的前世今生撰写了一篇千字论文，融会贯通旁征博引，洋洋洒洒考据推论。陆玑的许多观点，后世引为公论，比如说佩兰即《诗经》"士与女，方秉蕳兮"里的蕳，因佩兰能辟不祥，才会男女秉蕳混处。

佩兰之香，古人认为可驱除书蠹，常以之置书中以辟蠹。"典策法书，藏兰台"，将宫廷藏书处称为兰台，正是源自此。后世几经引申，兰台之称就不再仅限于藏书室，但凡与书册有点关系的，如秘书省御史台，都被称为兰台或兰省了。

作为多年生草本，佩兰并不柔弱纤小，青紫枝茎直立，最高可至一米。白中带粉泛紫的头状花自盛夏一直开到晚秋初冬的十一月末，因花期以秋季为盛，被日本人列为秋七草之一，且用汉字取了个中国人看了一头雾水的日文名"藤袴"。其实"藤"取花色似日本之"藤色"，"袴"取花形类日本之"袴裙"，象形写实而已。

香草曰佩兰

青灯缉苎麻

时光已到青团扇，士女新裁白苎衣。对古人来说，一季长夏，暑气熏蒸，湿热难耐，吸湿易干的苎布自然而然成为夏日着装的上上之选，换上苎麻衣衫，便是夏天。

枝茎木质化的苎麻，有人说它是中国国草，其实严格来说它不是草，而是亚灌木或灌木。无论草本木本，苎麻均陪伴华夏民族度过了数千年岁月。春日，喜看新抽麻与苎，满村麻苎绿阴晴；夏至，鸣机织苎遍山家，白苎新袍入嫩凉。到得秋深，白苎秋来不耐风，就是收拾起苎麻夏衫以待来年的时节了。

古书描绘"苎如荨麻，花如白杨而长，成穗生，每一朵凡数十穗，青白色"，言简意赅，颇得苎麻神韵。只是，苎麻虽然植株近似荨麻，却比动辄令触碰者皮肤过敏的"蜇人草"荨麻温柔亲切得多，无论多么任性地触摸苎麻毛茸茸的枝叶，它都不会给人类以无情痛击。

种苎五千年，人们一边吟唱着"东门之池，可以沤纻"，一边鸣机织苎葛，析麻苎为布。实践出真知，古人聪颖，早就总结出苎麻的优点："麻苎所种……既成宿根，旋擢新干"，不仅一次种植多年收益，而且丰产，"周岁之间，三收其苎"。然而，正因丰产故而量多价贱，较之蚕丝所织的绫罗绸缎，苎布渐次沦为清贫象征。在诗歌里头，连蚕妇也在慨叹：年年道我蚕辛苦，底事浑身着苎麻？

绮罗虽好，白苎衣裳却也不差。苎布直胜罗纨轻，若论轻盈洁白祛暑散热，较之丝绸，苎麻当更胜一筹。纵然价廉，苎布仍以其他布料无以匹敌的透气性成为炎夏制服，自明朝始，直接被唤为夏布。轻衫白苎凉，一袭旧梦长。

雪为纬，玉为经。一织三涤手，织成一片冰。
清如夷齐，可以为衣。陟彼西山，于以采薇。

〔宋〕戴复古《白苎歌》

苎麻
Boehmeria nivea
荨麻科／苎麻属

夹岸复连沙，枝枝摇浪花。
月明浑似雪，无处认渔家。

〔唐〕雍裕之《芦花》

芦苇
Phragmites australis
禾本科/芦苇属

十分秋色无人管，半属芦花半蓼花。芦苇，应该是最具秋意的植物。自从《诗经》一唱三叹，蒹葭苍苍，白露为霜，它们在华夏大地的萧瑟秋风中花开如雪摇曳了几千年。寂寞的人看它，全是孤冷凄清，关河万里寂无烟，月明空照芦苇。热爱自然的人看它，却是江村无限好，满眼是芦花。

芦苇宜入诗，更宜入画。即便是春夏两季，嫩葭尚初生，青蒹未抽穗，行至湿地岸边，那一围碧绿芦苇，参差成丛，直秆高挑，长叶披离，已自临岸迎风，清雅胜竹。待到深秋初冬，芦苇颀长花穗一一抽出，芦花旋风作雪舞，便成渺渺江湖趣，再添上眠禽栖雁，便是一副满溢闲逸野致的秋日芦雁图。

古人建宅造园，也爱以芦苇装点，营造自然景致。大观园里有芦雪庵：茅檐土壁，槿篱竹牖，傍水临滩，四面芦苇掩覆，一派江村野岸风景。虽然红楼众姝曾在此赏雪联诗，但芦雪庵名字中的雪字，所指却是芦花，白雪已开芦苇花，芦花色白胜雪，所以才有那首著名的纪晓岚咏雪诗：九片十片千百片，飞入芦花都不见。

一般人家自然不能如贾府这般大手笔，特意建一所芦雪庵，但种几株芦苇却是极容易达成的事。南宋词人周紫芝就因湖亭之胜大似江上但无芦苇，而于二月特意移植数十本，以求锦上添花，"已是湖山无限好，更栽芦叶伴轻鸥"。

对芦苇，文人吟诸文字，画士形之丹青。对普通民众而言，在与芦苇共处的数千年时光里，人们食芦根，摘芦絮，用茎秆造纸，用苇篾编席，待到衣食丰足，才有闲情逸致，芦笛一支信口吹，不羡人间万户侯。

青青寒莠色

不稂不莠，原本指"没有狼尾草，没有狗尾草"，在《诗经》时代，本来是田中无野草，尽为佳禾。未曾想，后来变成"不是狼尾草，不是狗尾草"，意同"禽兽不如"句式，相当于骂人"稂莠不如"，是还比不上野草的那种不成材与没出息。

莠，是狗尾草的古称。今日已经成为杂粮的小米，古为五谷之一，曰粟曰粱或谓稷，是非常重要的粮食作物。如若查诸植物词典，就会发现小米居然还是狗尾草的属下之臣。事实上，一般认为，小米其实正是驯化了的狗尾草，正因如此，莠这个杂草，才能堂而皇之地生于田地间混迹于小米之中，令农人莫辨好坏，终致莠盛禾苗伤。

如今的狗尾草，要么寂寞地长在原野成为狗不理，兀自春绿秋黄，一岁一枯荣；要么在连乡间孩童也被电子产品困缚于室内的当下，偶尔会被罕见地户外一行的孩子折下百无聊赖舞弄一番，如若幸运地勾起某位成年人犹存的童心，那人或许会现场传授孩童一门狗尾草变身兔子的民间手工绝技。

折几枝狗尾草带回来，用它毛茸茸的小果穗充当半日的逗猫棒，能够逗弄得猫儿摇头晃脑上蹿下跳兴奋不已，正因如此，狗尾草在日本得了个名字叫"逗猫"。有趣的是，狗尾草的英文名之一，却是 foxtail，无论怎么看，狐狸尾都不像狗尾草这般短细呀。

狗尾草虽是杂草，且随处皆有，却也是最具自然气息的植物之一。春夏秋冬无论何时如若遇到一丛，不妨折取数枝回家，充作切花材料，有这么一点绿色的点缀，往往能令居家空间倍增野趣，尤其是狗尾草绿色花穗青青弯垂、曲线动人之际，插入瓶中，别具风致。

狗尾草

Setaria viridis

禾本科 / 狗尾草属

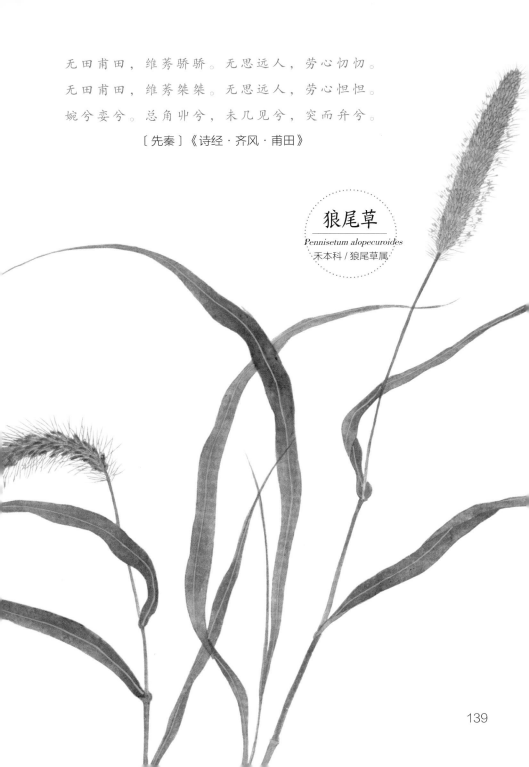

无田甫田，维莠骄骄。无思远人，劳心忉忉。

无田甫田，维莠桀桀。无思远人，劳心怛怛。

婉兮娈兮。总角丱兮，未几见兮，突而弁兮。

〔先秦〕《诗经·齐风·甫田》

狼尾草

Pennisetum alopecuroides

禾本科 / 狼尾草属

139

芒草斜阳远

秋来，路畔原本长得相似的禾本科植物，终于用不一样的花穗为彼此划清了界限，为自己标明了身份：狗尾草花序紧实密集宛如圆柱，狼尾草长穗蓬然密生柔毛，而芒草则宛如芦苇，花序分枝，雪穗招展，迎朝露送夕阳摇荡秋风。最后，当所有禾本杂草尽情展示完美丽的秋之韶华后，渐次枯黄凋萎，被农人割下扎成柴火送入灶膛，化为一缕轻烟排入秋霄。

芒草，又名莽草或菅，如芦苇一般，也有着疏落有致的似雪花序，却远不及芦苇高大耀眼。好在，即便它在农家炉灶或原上野火中化为灰烬，却并不意味着芒草已经走到生命的终点。只要藏于冬日冻土之下的宿根犹在，到得来年，它仍将如诸多杂草兄弟一般，野火烧不尽，春风吹又生。

芒草虽然在中国颇受冷遇，但也有钟情于它的国度，比如日本，将它列为秋七草之一，在俳句诗歌里反复咏唱。芒草日文名是汉字"薄"，若说芒字取形于穗果有如芒针，则薄字或因花穗不似狗尾草、狼尾草那般沉甸，而轻薄似苇花。

芦苇高大，植于湿地，尤为堪赏。芒草虽较芦苇矮小，植于庭院之中，却未尝不是秋日花境的绝佳点缀。在西方，芒甚至拥有园艺品种，春夏窄长碧叶如带披离潇洒，秋冬带芒薄花似雪掩映残阳，一年四季都是庭园一景。

禾本科植物辨认起来稍有难度，尤其是春来初抽芽之时，简直都是一般模样。众草之中最易与芒混淆的植物，可能是与之同属的荻（*Miscanthus sacchariflora*）。两者区别在于：芒叶长窄自根部长出，荻叶更宽且略高于根部；芒花小穗遍生针芒，荻花却长穗柔软无芒。或因如此，刺手的芒花不受中国诗人待见，而荻花却与芦苇并称，成为中国秋草代表。

山是夕阳，野是黄昏的菅芒。

[日] 与谢芜村

芒
Miscanthus sinensis
禾本科 / 芒属

141

乌蔹莓蔓野

藤本植物之所以常为人所诟病，一因总被人类借物拟人指藤骂人地附加了人类行为中令人鄙视的攀附属性；二因许多藤本的攀缘功能过于霸道，例如华南常见的旋花科植物五爪金龙，攀缘至乔木上后，往往能将对方绞杀。

乌蔹莓，别名之一为五爪龙，与五爪金龙仅有一字之差，虽不及后者这般凶残，却也是数步之内寸草不生的爬藤植物。

不同于五爪金龙的移民身份，乌蔹莓是在中国繁衍数千年的原生植物。《诗经》里"葛生蒙楚，蔹蔓于野"，蔓野遍生的"蔹"便是乌蔹莓。这种多年生藤本植物，五股分叉的掌状复叶宛如鸟足，名中之"乌"或因此而来，当然更可能是指果色乌黑。

乌蔹莓花期悠长，经春至夏，在盛花期的夏天，它腋生或顶生的仿佛分子结构图般的复二歧聚伞花序上，小小花朵次第而开，黄绿花瓣纤小翻卷，橙黄雄蕊立如皇冠，花开之后，四枚花瓣花蕊旋即脱落，露出花蜜满溢的浅碟形花萼，因为花蜜易得，往往引得蜂来蝶往，蚁群纷至。

其实，乌蔹莓花朵细碎色浅，并不足观，更具观赏性的是它成熟后的紫黑色球形浆果，粒粒晶莹光泽，有如迷你版的麦丽素巧克力豆，很是惹人注目、引鸟下喙。鸟虽可食之，人却要慎用，古人也说过：其子正黑，如燕薁，不可食也。若你还是好奇它的滋味，倒是有不怕死的吃货替大家品尝过，口感就是入口麻麻的，毫不可口，极为可疑，有中毒可能的那种可疑。

乌蔹莓

Cayratia japonica

葡萄科 / 乌蔹莓属

葛生蒙楚，蔹蔓于野。予美亡此，谁与？独处？
葛生蒙棘，蔹蔓于域。予美亡此，谁与？独息？
角枕粲兮，锦衾烂兮。予美亡此，谁与？独旦？

〔先秦〕《诗经·葛生》(节选)

甘茶绞股蓝

绞股蓝应该是在现代才被神化，俨然成为名贵中药材，人言它全草入药，堪称南方人参。而作为茶饮商品的绞股蓝茶，以降血压降血脂降血糖的功效，被为现代都市病所苦的人们追捧为养生茶。

在运用草药治病的中国历史上，绞股蓝之名鲜少出现于古医书典籍。它唯一的登场，是作为救荒植物，出现在明代朱橚所撰的《救荒本草》中："叶味甜，救饥采叶炸熟，水浸去邪味涎沫，淘洗净，油盐调食。"后世书籍再提及它，基本也是朱橚书中文字的原样转载而已。

绞股蓝茶并不见于史册旧书，老实说算不上古老的中草药和常饮茶，坊间那些动辄以古老来修饰的文字，大抵只是为了迎合人类的好古心理而已。

采摘绞股蓝嫩叶和嫩芽，以制茶工艺炮制成茶，据说茶汤碧绿入喉回甘，看来朱橚说叶味甜应该是实话。同样将绞股蓝奉为健康茶原料的日本，就因为叶子带甜味的特点，为它取名为"甘茶蔓"。

蔓藤而生的绞股蓝，喜阴湿温和的气候，多生于湖广西南诸省。五叶参、七叶胆这两个互相矛盾的名字都是它的别名，这是因为绞股蓝的鸟足状掌形复叶富于变化，三五七九，诸数均有，而五叶七叶较为常见。

绞股蓝花冠细小，花色淡黄乳白，五瓣深裂宛如星芒，花期自春至秋绵延漫长，果期亦如是，往往花果同枝，星形小花伴着或青或黑的球果，掩映在满篱错落有致的掌形碧叶中，抛却人类附加的东方神草之类的名头，作为寻常草木，一株往往亦能自成一景。

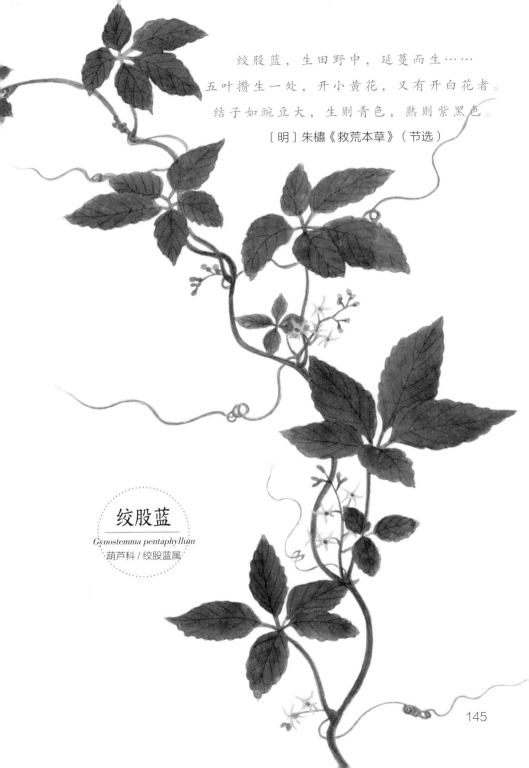

绞股蓝，生田野中，延蔓而生……
五叶攒生一处，开小黄花，又有开白花者。
结子如豌豆大，生则青色，熟则紫黑色。

〔明〕朱橚《救荒本草》（节选）

绞股蓝
Gynostemma pentaphyllum
葫芦科 / 绞股蓝属

145

《诗经》"山有乔松，隰有游龙"
里生于低湿隰地的"游龙"，
后世认为即为红蓼。

红 蓼
Polygonum orientale
蓼科 / 萹蓄属

花穗迎秋结晚红，园林清淡更西风。
织条尽日差差影，时落钓璜溪水中。

〔宋〕宋祁《红蓼》

蓼科家族庞大，在外行人看来，莫不相似殊难分辨。淡红色花穗，水畔溪地常见，实在难以分清谁是细叶蓼谁是狭叶蓼。这种时候，往往不由得欣羡古人之不分青红皂白一律以蓼称之，反而简单方便。

诸蓼之中，红蓼略易辨识，因为它是蓼中超模，茎粗枝直，往往可高达两米有余，先秦人甚至以之与松并提，《诗经》"山有乔松，隰有游龙"里生于低湿隰地的"游龙"，后世认为即为红蓼。

红蓼江头含紫，白芦岸上飞霜。黄芦岸白萍渡口，绿柳堤红蓼滩头。无论古诗还是中国画，红蓼往往与芦苇、江岸、浮萍联袂出现，点缀出古风宛然的水畔秋景。但是，古诗文中的红蓼未必专指今日植物学意义上中文名为红蓼（*Polygonum orientale*）的植物，更可能是泛指所有开着深深浅浅红色花朵的蓼科植物。

虽说红蓼之名往往用于泛指，但它的别称却各有特色，比如霸气又轻灵的游龙。游龙之古名，后世学者认为是形容红蓼枝叶茂盛肆意生长宛如不受约束的游龙。此外，还有古雅的荭草，通俗的水红花或水荭花，宛如江湖侠女绰号的白水红苗。不管叫什么名字，喜生于浅水湿地的红蓼，与它为数众多习性相异容颜略同的蓼科兄弟姐妹一起，以最美的姿态装点了它与人类共同生活的这片沃土旷野。

终朝采蓼蓝

水边尚有红蓝草，不染香衣染輚云。然而，又名染青草的古之蓝草，并非专指一种，常包括爵床科的板蓝（*Strobilanthes cusia*）、豆科的木蓝（*Indigofera tinctoria*)、蓼科的蓼蓝（*Polygonum tinctorium*）、十字花科的菘蓝（*Isatis tinctoria*）等在内。

在草木染当道的古代，华夏各地因地制宜取当地植物为蓝色染料，虽然明清时代以板蓝（别名山蓝）种植最广，但喜生于温暖湿地的蓼蓝，也是华南江南等地区常取用的蓝染材料之一。若往更古老的年代追寻，则无论"青，取之于蓝，而青于蓝"，还是"终朝采蓝，不盈一襜"，句中之蓝，后世多认为即指蓼蓝。

作为中国最古老的蓝染材料，蓝，曾是蓼蓝的专用名，然而在采叶制作靛青的蓝染进化史上，蓼蓝渐次为他草为取代，一如宋人罗愿《尔雅翼》所说，"蓝，苗似蓼，而味不辛，不堪为淀，惟作碧色耳"，到得最后，后来者居上，木蓝、板蓝等作为靛青材料更为出众，渐次跻身蓝草行列，蓝字一名，成为众草共有。

在成员众多的蒿蓄属中，蓼蓝并不出众，诚如古人所言：蓼蓝叶如水蓼，花浅红白，成穗细小，子亦如蓼。就古人看来，

"青，取之于蓝，而青于蓝"，句中之蓝，后世多认为即指蓼蓝。

蓼蓝与常见的水蓼最大差异，是别名为辣蓼的水蓼叶片辛辣，而蓼蓝之叶不辛。此论是否正确？尚有待他日有缘得见蓼蓝之时，取叶一尝，方能一辨真伪。

若肯细细对比，蓼蓝与常见的水蓼红蓼还是有很大差异的。蓼蓝之叶为长椭圆形，更显宽肥，且干枯之后常变为暗蓝色。此外，相比于红蓼水蓼花序的长穗低垂，临风摇曳风情无限，蓼蓝穗花往往直立向上，碎红串串，倍显精神。

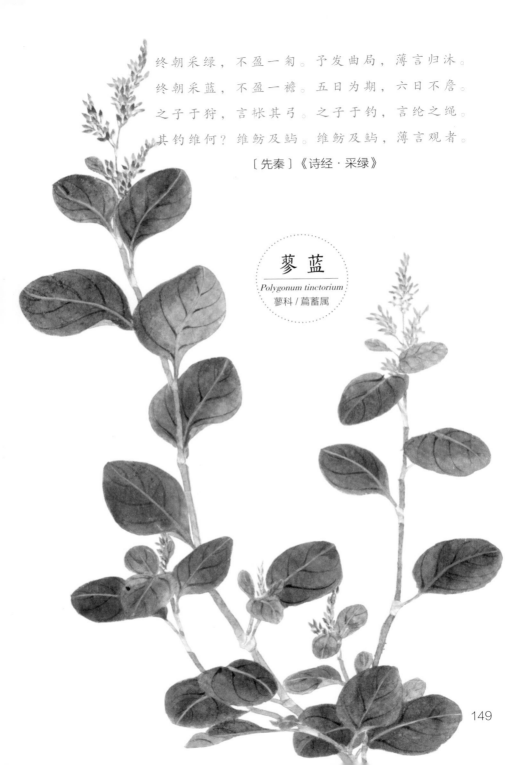

终朝采绿，不盈一匊。予发曲局，薄言归沐。

终朝采蓝，不盈一襜。五日为期，六日不詹。

之子于狩，言韔其弓。之子于钓，言纶之绳。

其钓维何？维鲂及鱮。维鲂及鱮，薄言观者。

〔先秦〕《诗经·采绿》

蓼 蓝

Polygonum tinctorium

蓼科/萹蓄属

菖蒲

Acorus calamus

菖蒲科 / 菖蒲属

斓斑碎玉养菖蒲，
一勺清泉满石盂。
净几明窗书小楷，
便同尔雅注虫鱼。

窗明几净室空虚，尽道幽人一事无。
莫道幽人无一事，汲泉承露养菖蒲。

〔宋〕曾几《石菖蒲》

中国古俗，端午日食粽子饮雄黄酒，门前檐下悬挂艾草菖蒲以期防疫驱邪。"客里不知端午近，卖花担上见菖蒲"一句，即是描述此俗。

在中文语境里，现今所说的菖蒲，往往指喜湿地水生的菖蒲（*Acorus calamus*），叶丛青翠丰茂，两三厘米宽的碧叶，中缝带脊，长近一米，叶叶舒展，宛如软剑，菖蒲绕堤青似剑，是以也被称为水剑草。

然而，常见诸文人墨客笔端，与水仙、兰、菊并列"花草四雅"，一朝移香根，古瓷手亲植，被点缀于盆景山石之上的，却并非生于近水淤泥中的菖蒲，而是被常人唤为"石菖蒲"的金钱蒲（*Acorus gramineus*）。

菖蒲与金钱蒲曾属天南星科，根据最新的被子植物分类系统，它们被划归菖蒲科。与叶长只二十厘米余、叶宽仅数毫米的金钱蒲比起来，菖蒲无疑是个更宜于营造水畔花境的巨草，根本不堪植于小小石盆中，成为菖蒲叶瘦水石秀的案头雅玩。

或者，细辨菖蒲属两兄弟究竟谁才是"节叶坚瘦，根须联络，苍然于几案间"的盆栽菖蒲亦无意义。现今，花草四雅的前三者，依旧闻名于世，雅俗皆晓其名。而雅草菖蒲却早已泯然众草间，鲜为人知。不仅端午挂菖艾之俗已成往事，大概苏轼笔下"斓斑碎玉养菖蒲，一勺清泉满石盂。净几明窗书小楷，便同尔雅注虫鱼"的书房清景，即便不至于成为绝唱，应也仅存于小众圈子了。

菖蒲叶正齐

麦蓝菜这个名字平凡普通，乍看会以为是超市蔬菜专柜里的绿叶青菜之一，其实它只在青黄不接的饥馑荒年里，才被贫苦百姓作为救荒野草，"采嫩苗叶炸熟，水浸淘净，油盐调食"。在大多数时间里，它以另一个令人过目难忘的名字行世，且知名度不低：王不留行。

王不留行，是一味中药材，实际上是麦蓝菜的成熟种子，红褐黑球，粒粒细小，宛如白菜种子。虽然钟情传说的古人从一个王字生发，演绎出了许多权贵落难此草相救的民间故事，但都纯属附会瞎掰。药名之由来，应如李时珍所说："此物性走而不住，虽有王命不能留其行。"

药草王不留行，即麦蓝菜，今日已成定论。但在明人朱橚的《救荒本草》里，这两个名字尚被分条列项，视为两种不同的植物，只不过描述两者特征的文字内容很是接近而已。究竟何时由何人将两个名字归于一个植物身上，只怕已难以考证。

古人描述王不留行，说它叶似菘蓝，多生麦地中，或许将王不留行与麦蓝菜合二而一的植物学家更具备科学家的理性与实际，单挑了比较写实的"麦蓝菜"作为石竹科麦蓝菜属植物 Vaccaria hispanica 的中文名，而无情舍弃了更为富贵气派的禁宫花、剪金花、金盏银台以及王不留行。

作为香石竹（又名康乃馨）、石竹、瞿麦的同科远亲，麦蓝菜虽然至今犹未跻身观赏花卉行列，但它也并非完全不具备美貌。春夏间，当它略显稀疏的伞房花序星星点点地开出了或粉或白的五瓣小花，心形花瓣上红纹轻浅，似乎造物主并不曾因它是无名小草就粗制滥造，而是在这小草花身上细心地描绘出精致花脉，让它平添了几分秀柔娇美。

谁识麦蓝菜

剪金元是俗相称，病客相逢莫讳名。

天上乞归曾累疏，君王非是不留行。

〔明〕鲁铎《剪金花》

麦蓝菜
Vaccaria hispanica
石竹科 / 麦蓝菜属

王不留行，是一
味中药材，实际
上是麦蓝菜的
成熟种子。

香蒲

Typha orientalis

香蒲科 / 香蒲属

彼泽之陂，有蒲与荷。

有美一人，伤如之何？

寤寐无为，涕泗滂沱。

〔先秦〕《诗经·泽陂》（节选）

风过香蒲深

有乡村生活经历的人会懂，若一亩莲塘冒出一株香蒲，如不人为干涉而任其发展，不出三年，一池红莲便幻成一塘青蒲，风景殊异，爱莲者观之不能不兴起杂草丛生之叹。但世间岂有杂草？一如日本园艺家柳宗民所言：植物被冠以杂草之名，不过是人类从一己之利出发自说自话罢了。

香蒲有笋，美味不逊于竹笋。陆玑《诗疏》有载："蒲始生，取其中心入地者，名蒻，大如匕柄，正白。生啖之，甘脆。"蒲笋自古可为食材，但很多现代人却从《舌尖上的中国》才初次获知，实际上，早在《诗经》"其蔌维何？维笋及蒲"的句子里，蒲笋已是与竹笋齐名的蔬菜。

四月来到乡间水塘畔，双手套牢一株香蒲，用力拉扯，一不小心便有后臀亲吻大地之虞，如此，可得十余厘米长莹白蒲笋一根。耗时半小时，便能采得小半篮，堪炒两大盘。佐以腊肉最佳，鲜肉次之。清炒，格高亦不下竹笋。

时光流转，蒲笋老，蒲棒长。七八月间，盛夏半涸的池塘，竖起一池修长匀称的"蒲棒军团"，如箭镞似短枪，采之可充玩具，燃之有熏香之效。孩童们采来玩腻了，多余的蒲棒被祖母置于夏日烈阳下暴晒，数日后获得一袋毛茸茸软蓬蓬的蒲绒，今冬的新枕芯便有了着落。只是，上述场景仅常见于二十世纪八九十年代，今时今日，蒲棒仍在，孩童不来。

如若有机会，现代都市人不妨体验一下香蒲系生活：数支蒲棒插瓶，添三分野趣；应时而食，清炒蒲笋一盘，不辜负一年一度的舌尖滋味；铺一领蒲席，枕一袋蒲绒，坐一个蒲团，坐起行卧，都在香蒲中。

雨洗蓖麻绿

《圣经》有句："神安排一棵蓖麻，使其发生高过约拿，影儿遮盖他的头，救他脱离苦楚；约拿因这棵蓖麻大大喜乐。"单属独种的蓖麻属草本植物蓖麻，何以竟能高过人头，替约拿遮阴挡阳？

蓖麻也许是草，却更有可能是木。是当一株低矮的小草，还是做一棵高大的草质灌木，要看蓖麻漂泊到了何方。在中国，如果是长江流域或一路向北，它就乖乖地活成一株粗壮的大草；如来到华南，它就尽情释放生长潜能，肆意长成一棵高达四五米的小乔木。蓖麻是一种很懂得因地制宜的植物。或因如此，原产非洲热带的它，才能行踪遍布全球。

与曼陀罗、夹竹桃、乌头等一般，蓖麻也因全株有毒且种子毒可致命而被列入知名毒物行列。只是，前三者均生有魅惑人心的美艳花朵，蓖麻则不然：掌状多裂的圆盾形叶子尚称美观，细花琐碎的圆锥花序却相貌平平，软刺包裹的种球虽不如苍耳那么烦人，但分明也写着"生人勿近"四字。至于它那生有斑纹的椭圆黑色种子，自带三分邪恶，似已明明白白地昭示：我很丑，不好吃，不能吃。

中国古人似乎也用蓖麻制造蜡烛。《天工开物》就有记载："造烛则柏皮油为上，蓖麻子次之。"今日蓖麻油虽广泛用于现代工业中，但似乎并未用于造烛，古人之说是否可行，只能姑且存疑。

蓖麻也见于文学作品。明人张岱所著《夜航船》中有两段文字颇有间谍色彩："蓖麻子水研写字，只如空纸付去，以灶煤红丹掺之，字即现"，"蓖麻子油写纸上，以纸灰撒之，则见字"。张岱所写是否胡言乱语，若有机缘得到蓖麻油，不妨试一试，以满足好奇心。

红朵青条摆弄同，人间无地不春风。

莫轻此辈蓖麻子，也在先生药圃中。

〔明〕陈献章《种蓖麻》

蓖 麻

Ricinus communis

大戟科 / 蓖麻属

金线草头蜂展翅，玉簪花颔鹭生儿。

窗前野草皆天巧，也有闲人为赋诗。

〔宋〕舒岳祥《戏咏玉簪花金线草二物》

金线草

Antenoron filiforme

蓼科 / 金线草属

《瓶史月表》写道："秋花小友，挺翠，金线草，虎茨，观音草。"

金线草有点名不副实，通株看去，仅细长穗花纤细似线，但点点细小红花疏疏落落垂缀其上，分明漫成一根根红线，实不知金线草之金字因何而来。相较之下，日本人因为它花萼外红内白，由花枝自上向下视则呈红，自下往上看则泛白，酷似日本国常用于系扎礼物的红白绳结"水引"，而命之为"水引"。

蓼科植物的花朵往往没有花瓣，金线草亦属此类。它谷粒般大小的花苞，珠光泛彩，即便绽开，也只是花萼四裂，挑出五条花蕊。花朵凋谢后，花萼并不立即随之枯落，反而在秋风中益显红润，纵使细小，却每一朵都很精巧。或因金线草花穗上花朵少而稀疏，不至于因太过沉重而如其他蓼科植物一般花枝弯垂，金线草花穗虽纤长却多向上伸展。

明末一本关于插花的书籍《瓶史月表》写道："秋花小友，挺翠，金线草，虎茨，观音草。"该书将金线草列为秋花小友之一，认为它宜于搭配主花作为陪衬。实际上，金线草虽为野草，但纤长的丝状花穗在秋日里越开越艳，长条招展，米粒碎花错落有致，若折取插瓶，的确有一种独特的恬淡又温柔的秋草之美，能令房间倍添秋意野趣。

但古籍里的金线草却很可能也别指他物，譬如宋人舒岳祥有首以金线草为名的诗，诗前有序描述"金线草，叶圆如锦葵，有脉如荷叶"，显然并不是在说叶片长圆形的金线草，而更可能在描述某种天胡荽属植物。此外，古人也将金线草作为菟丝子的别称。

杓兰的属名词 *Cypripedium*，由 Cypri（意指女神维纳斯）和 pedium（意指拖鞋）组成，其英文名亦紧随拉丁学名，为 lady's slipper。因为它低垂的花朵唇瓣宛如向上开口的小口袋，又似一只织红绣锦的拖鞋，故而有译者将之译为煞风景的拖鞋兰。对比之下，中国人认为杓兰花朵宛如水杓，似乎比西方人士厚道一点。

诸国命名似乎都离不开杓兰这个囊形口袋的唇瓣，中国人看它是水杓，西方人看它像拖鞋，日本人则认为它类似武将战衣上用以抵御流矢的"母衣"，且借古日本故事《平家物语》里的人物熊谷直实和平敦盛之名，将扇脉杓兰（*Cypripedium japonicum*）命名为"熊谷草"，大花杓兰（*Cypripedium macranthos*）称为"敦盛草"。

当然，杓兰特意将花朵长成囊状口袋般的形状，是为了诱骗昆虫深入花心代为传粉而使用的聪明小伎俩，是充分彰显植物智慧的造型艺术。

杓兰属植物，无论是叶如大扇的扇脉杓兰，还是叶片椭圆的大花杓兰，它们那些或紫或粉或黄或白的花朵，不管拖着细杓子小口袋还是大布囊，莫不造型别致、斑纹妖娆、明艳动人。若是在林间遇见杓兰漫野而开，真是难得一见的眼福，日本人称赞它为"梦幻中的梦幻之花"，实非过誉。

全球约五十种杓兰，中国占了一半有余，且有二十余种为中国独有。但杓兰多为野生，常藏身于人迹罕至的山野林地，有些品种已近濒危，许多人未曾有缘一睹芳容。只能寄希望于有朝一日园艺界能培育出杓兰的园艺品种，以解野生杓兰被人为挖掘破坏之困，以消钟情杓兰人士的思慕之苦。

雪尽深林出异芬，枯松槁槲乱纷纷。

此中恐是兰花处，未许行人着意闻。

〔元〕方回《兰花》

扇脉杓兰

Cypripedium japonicum

兰科 / 杓兰属

野花开白及

不知何故，植物学命名时将白芨的草字头给拿掉了，所以在古籍里面常写为"白芨"的这种古草药，如今其中文名的正确写法应为"白及"。白及花开，多为紫色，故白及名中之白，非因花色，乃因白色鳞茎而得来。不过，白及属的华白及倒是能够开白色花的，另还有开黄花的黄花白及。

白及虽以药材闻名，实际上，作为兰科植物的它，不负兰之佳名，花朵极美，于晚春初夏的四五月间，一枝纤长花箭自宛若青玉短剑的碧叶环抱中高高射出，挂花数朵，花大色艳，浓紫沃若，其日文名"紫蘭"，即依花色花形取名，可谓尽得白及花之风姿神韵。

不过，紫兰之名，只怕依旧源自中国，清时《台湾县志》有记载："紫兰，叶似栟榈，色绿而末锐，叶花与兰略似而紫，其下根结为白芨，来自内地，亦不多得。"

一枝纤长花箭自宛若青玉短剑的碧叶环抱中高高射出，挂花数朵，花大色艳，浓紫沃若。

药书十二卷，卷卷但见白芨之名而无紫兰，医书似未曾有将紫兰列为白及别名者。因此，古籍里时常出没的紫兰二字，究竟是泛指一切开着紫色花朵的兰科植物呢，还是有部分专指白及？无从考证，不得而知。但如明人夏旦所著《药圃同春》里记阴历三月"紫兰，色鲜可爱，但恨无香"，这样的文字，就十分疑似白及了。

只可惜，白及若入园圃，也依旧只是作为药材栽培。"西风尽日蒙蒙雨，开遍空山白芨花"，原是自然之中的野道丽景，但如今就连生于空山之中的野生白及，也往往因貌美和药效而得祸，被一些欣赏白及之美或贪图药材之利的人盗挖，令人可伤可叹可恨。

白芨花残半夏生，经时不向市中行。

一双啄木忽飞至，和我山房捣药声。

〔清〕黄凯钧《夏日幽居》

白 及

Bletilla striata

兰科 / 白及属

狭叶白蝶兰

Pecteilis radiata

兰科 / 白蝶兰属

在潮湿的苔藓之间，
开着像狭叶白蝶兰花朵
一般小的紫花。

［日］芥川龙之介《枪岳纪行》（节选）

玉凤花，白蝶兰，看名字颇有渊源，似是一对。原本白蝶兰诸植物也曾归于玉凤花属名下，但在新的植物学系统中，它们自立门户成白蝶兰属，一属仅七种，颇具盛名的狭叶白蝶兰即为其中之一。

自然造物之妙，往往令聪明如人类也啧啧称奇自叹弗如。狭叶白蝶兰，即属自然神妙之作。它在日本名为"鹭草"，在中国又被称为鹭兰。名字中既有白蝶又有白鹭，究竟像蝶还是似鹭，得自己亲眼去看看它开于夏日的花朵才知。

野生白蝶兰原本于林下草地中常见，只是人类的侵略性在哪一块土地上都难以得到遏制，野生白蝶兰正日渐稀少甚至渐趋濒危。所幸的是，日本园艺界将之培育成园艺种，不仅可堪赏花，还有观叶品种，今日中国园艺市场往往有售，故而白蝶兰虽为奇花异草，求之尚属易得。

一如许多中国花草，白蝶兰在日本也有个附会古代人物的人文传说，认为它是为士族贵妇送信而被射死的白鹭落地而化。

若购得一粒种子，小心育种，盆栽出一株狭叶白蝶兰，自春至初夏，盆中殊无可观，仅有不足十厘米长的线形窄叶宛如稻田秧针，青葱盈绿。然而，在盛夏的某日，白鹭忽飞来，点破秧针绿，一朵小小白鹭突然凌空而现，憩于花葶之上，白瓣一对，边缘锯齿若流苏似羽毛，如翅似飞，仙风绝尘，观之忘俗。一鹭飞来众鹭随，其后，盆中渐次白鹭花放千点雪，一行白鹭上青天的诗景，就渐渐跃然于盆栽之上，翩然于斗室之内了。

在盛夏的某日，白鹭忽飞来，点破秧针绿，一朵小小白鹭突然凌空而现，憩于花葶之上。

千姿玉凤花

鹅毛玉凤花

Habenaria dentata

兰科 / 玉凤花属

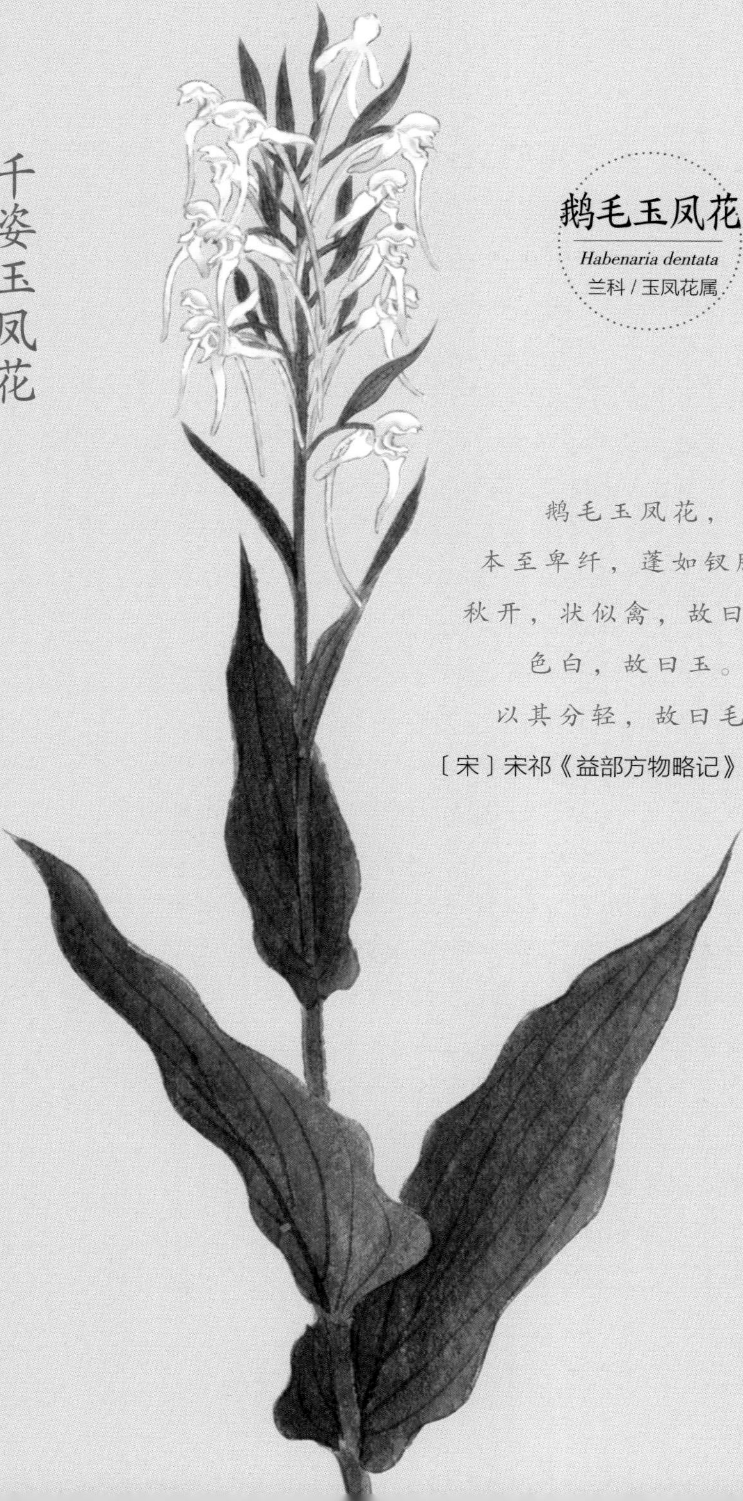

鹅毛玉凤花，
本至卑纤，蓬如钗股，
秋开，状似禽，故曰凤。
色白，故曰玉。
以其分轻，故曰毛。
〔宋〕宋祁《益部方物略记》（节选）

玉凤花属是个大属，内有物种六百余，中国原生种仅占近十分之一，却已然令人眼花缭乱。玉凤花属原有一个最仙气飘飘惊艳绝伦的狭叶白蝶兰，现在已然带着几位小弟仗剑下山自立门派。虽然失去狭叶白蝶兰这个掌门大师姐，却并不妨碍属内众花，千姿百态，争奇斗丽，玉凤花属仍是不可小觑的兰科一秀。

若论知名度与外貌条件，或许当推鹅毛玉凤花为属内第一。除了不具备仙气十足的流苏形锯齿瓣边，鹅毛玉凤花乍看与狭叶白蝶兰十分相似，就连日文名，也只是在狭叶白蝶兰的"鹭草"之前添加了一个"大"字。它虽远不及狭叶白蝶兰灵动飘逸，却通体洁白，雪瓣舒展，宛如鹅毛雪片，凌空纷飞，确也算得上是个佳人，只不似狭叶白蝶兰那般倾城倾国而已。

玉凤花虽品种众多且遍生于华夏，却鲜见于旧时书册，仅有鹅毛玉凤花一种，其名字曾出现于北宋人宋祁所著的《益部方物略记》："鹅毛玉凤花，本至卑纤，蓬如钗股，秋开，状似禽，故曰凤。色白，故曰玉。以其分轻，故曰毛。"北宋时的益州，即今日成都周边地区，确实也是鹅毛玉凤花的原生地之一，足证玉凤花古已有之。

古人曾这样形容玉凤花：状类翔凤，翩欲飞动。只是这只翔凤，有的老实呆板宛如呆头鹅，有的轻灵俏皮，有的浓妆华彩，虽然朵朵都是一副我欲乘风而去的模样，翅膀的形色与起飞的姿态却各不相同。如于盛夏花期出游户外山野，不妨留心一下路旁杂草丛中是否有千变玉凤花正腾空翔舞。

香微甘草花

岂不见甘草，百药无不有。甘草是中医药方里的百搭之物，药方之中十之七八会有它的大名。许多人都曾在咳嗽之时食用过甘草片之类的中成药。甘草还跻身于食品行业，成为煲煮药膳汤食时的常用食材，或变身为甘草梅、甘草糖等。

甘草之甘，因根茎微微带甜，所以也有别名甜草和甜根子。植物入药往往苦涩，似甘草般泛甜者稀少，一般认为药材中以黄连最苦，是以甘草入诗，往往与黄连同行，"甘草自来甜，黄连依旧苦"。和尚们也爱以甘草黄连为喻，却常常正话反说，"甜似黄连微带涩，苦如甘草略含辛"，"黄连甜兮甘草苦，这些滋味许谁知"，均属此列。

人皆知甘草之名，莫晓甘草之形。就算是惯常熬制中药汁的古人，大抵也只见过用于入药切成圆柱形的甘草根茎。大概很少有人知道甘草长茎直立能高逾一米，开着淡紫红色蝶形花朵，有着如苍耳一般长满刺毛的弯曲褐色荚果，是如同小家碧玉一般清爽明丽的植物。

可是，世间太多小家碧玉，终归沦于湮没无闻。无论形貌还是效用，似乎均只有中人之姿的甘草，不仅作为植物无人识，即便作为知名草药，因为"能随诸药之性，解金石草木之毒"，也注定只是枚陪衬的绿叶。虽因调和众药有功，被医家誉为"甘国老"，却被词人辛弃疾嫌弃是没有个性的好好先生，"寒与热，总随人，甘国老"。

到得现代，在香江之畔的香港，惯于将一些经验丰富演技出众常出演重要配角的演员称为甘草演员。此称号，于演员，于甘草，应该均算是一种肯定与褒扬吧。

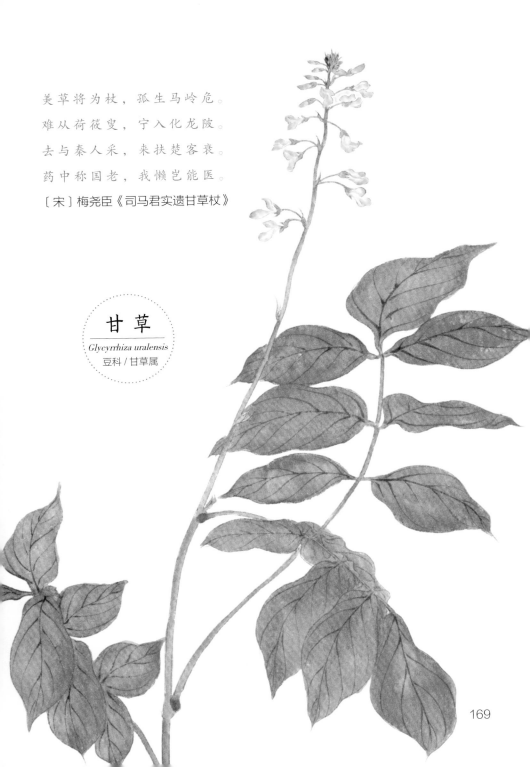

美草将为杖，孤生马岭危。
难从荷筱叟，宁入化龙陂。
去与秦人采，来扶楚客衰。
药中称国老，我懒岂能医。

[宋]梅尧臣《司马君实遗甘草杖》

甘 草
Glycyrrhiza uralensis
豆科／甘草属

红药山丹逐晓风，春荣分到豨莶丛。

朱颜颇欲辞镜去，煮叶掘根傥见功。

〔宋〕黄庭坚《一夕风雨花药都尽唯有豨莶一丛濯濯得意戏题》

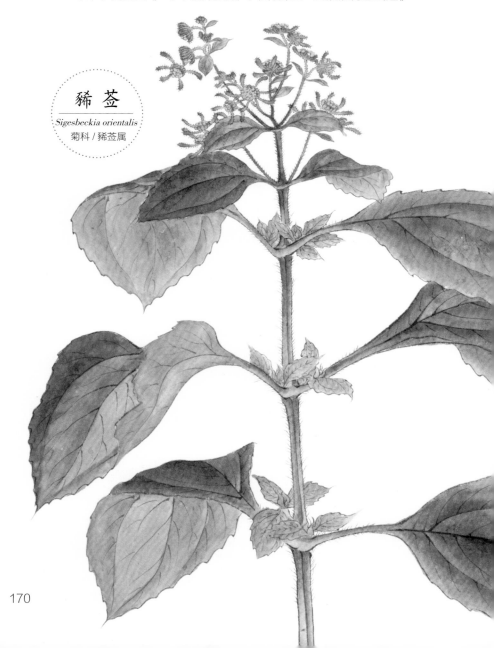

豨 莶

Sigesbeckia orientalis

菊科 / 豨莶属

春到豨莶丛

豨，为野猪或小猪；莶，意指辛毒之味。豨莶二字组合在一起，可想而知，似乎不是什么好词。事实上，古人为之命名时，就是如此恶意满满，认为它"气臭如猪而味莶螫"。

名为豨莶的这种菊科植物，应该属于最好辨识的菊科植物，因为它的花朵长得比其他菊科亲戚都平凡普通一些，很难与那些或黄或白或紫的"小菊花"混淆。豨莶也开小黄花，虽然也是头状花序上舌状雌花在外管状两性花居中，但是比野菊花要细小得多，仅小小的一点明黄栖于苞片之中。

比细碎的小黄花更为抢眼的，反而是花下的那五根纤长的棒状绿苞片，既如星芒光四射，又似螺旋桨翻飞，腺毛密布，贴近拍摄时纤毫毕现，绿茸茸的很是别致可爱。

豨莶花不起眼，名字又古怪到许多人无法正确念出，连古人都为了读写方便，说它又名希仙。但豨莶却是中华大地上遍野皆有的植物，就算人们没注意到它，也在不经意间充当了它的旅行工具。纵使没有苍耳那样的扎人刺衣，豨莶的果实仍有着逢衣粘衣见裤贴裤的特技，不负其别名粘不扎。待到人类将瘦果自衣衫之上弹落到地，种子便落在那里，静静等待下一季的春风吹它生。

建立了动植物双名法的植物学家林奈，似乎也不太喜欢生有腺毛又粘人的豨莶，据说他是将自己所讨厌的论敌西格斯贝克（Johann Siegesbeck）的姓氏拉丁化为 *Sigesbeckia* 来为豨莶命名。不过，人类这些幼稚的恶意，于豨莶又有什么关系呢，只要仍有动物能带着它的种子继续秋天的旅行，它就能继续灿烂地生活在世界的每一个角落里。

此是幽贞一种花，
不求闻达只烟霞。
采樵或恐通来径，
更写高山一片遮。

[清] 郑燮《兰》

袅袅虾脊兰

虾脊兰
Calanthe discolor
兰科 / 虾脊兰属

172

　　国兰性子娇贵，难于栽培，若要培育到花开香来，往往需要精心呵护，费尽养花工夫。相对而言，性喜温暖湿润但不耐强光的虾脊兰要皮实易养得多。但令它尴尬的是，它既不似国兰般婀娜碧叶长，富于诗情画意，与花大色艳、娇娆多姿的一众洋兰如卡特兰、石斛兰、文心兰等相比，又单花稍嫌小巧，花色似显素雅，并不算是广受青睐的园艺兰花，所以市面上并不多见。

　　纵使虾脊兰不受世人追捧，却不能说它并不美。它的属名词 *Calanthe*，由希腊语 calos（美）和 anthos（花）组成，连名字都在诉说它拥有美丽的花朵。至于中文名虾脊兰，则与日文名"海老根"殊途同归，都落在虾上（虾的日文名为海老）。

　　有人认为虾脊兰花朵上，三裂唇瓣居中的那一裂微微分叉，略略翻翘，宛如小虾的尾巴，是以得名。至于日文名，则是因为日本人觉得虾脊兰地下茎根相连处，宛如虾被手指捏起时的样子。虾脊兰的中文别名如九节虫、肉连环，应如日文名一般，也是依根形取名。

　　兰叶翠纤纤，那是国兰才有的风情，与虾脊兰全不相干。虾脊兰倒披针形的叶子，完全不是纤纤弱弱的模样，宽可达六厘米，长十五厘米有余，大叶阔长，抱茎而生，一株仅数叶而已。而自茎叶间抽出的花葶，粗壮颀长约尺余，一支挂花近十朵，五枚花被尽情舒展，扇形唇瓣三裂飞翘，不管是何种品种哪般花色，均袅袅婷婷，摇荡于暮春初夏的暖风中，当此际，又有谁还肯还敢嫌弃虾脊兰不够艳光四射？

白英谓其华色，
穀菜象其叶，
文排风言其功用，
鬼目象其子形。

〔明〕李时珍《本草纲目》（节选）

白英
Solanum lyratum
茄科 / 茄属

白英一名，虽然雅致，却略嫌常见，不仅会被用来指代白色花瓣花朵，如"秋桂俨白英"，而且还易与人重名。它的日文名倒应没有重名之忧，唤为"鹎上户"，鹎，因为鹎鸟喜食白英浆果，上户，指好酒善饮之人，引申开来，白英果色宛如上户酒醉后的酡颜。日文名虽然没有重名之忧，却缺乏美感，比较而言，还是白英之名，更好一些。

同样依照果实形色取名，中国古人将白英命名为鬼目草："今江东有鬼目草，圆而光子，如耳珰也。赤色丛生。"鬼目长什么样子，只有鬼知道。以鬼在中文语境里之阴森惨恻，实在与白英累垂红赤宛如珊瑚的果实不是一般风致。

白英遍布中土，灌木丛里，院落篱墙上，时见一株攀缘其上，春夏青藤蔓引茸叶乱长，并无可观之处。可是，等到花事尽收百叶枯凋的晚秋时节，篱落之上青果渐次染彩点朱，变成晶莹剔透的累累丹实，如珊瑚似玛瑙。

同属茄属的青杞，开紫花亦结红果，常有人将之与白英弄混。但观株形就知两者大异，白英是草质藤本，而青杞却直立长成亚灌木模样。白英虽以花色命名，但并非仅开白花，也有淡紫色花朵。它更能迷惑人的是密生白色柔毛的卵尖形叶子，极其任性多变，时而保持卵尖形不变，时或三裂如戟，又或五裂宛如琵琶。若一成不变地认准白英叶形只有一种，可就错了。

鹎鸟喜食的白英果，并不宜于人类食用。虽然茄属的茄子是常见蔬菜，但茄属乃至茄科中的许多果实，均含有毒的生物碱，只宜以目相赏，不宜以口亲尝，就连摘下把玩也还请君慎重。

等到秋深转凉，篱落之上青果渐次染彩点朱，变成晶莹剔透的累累丹实，如珊瑚似玛瑙。

车前当路翻

又名"当道"的车前草，是个不怕死的草中莽汉，黄土处处有，它偏爱落脚于人来人往的大路之上小径侧畔，当道而生，毫不介意人类行经之时对它随意脚踩鞋踏；匍匐车前，一任古时的车马、现代的汽车自植株上无情辗过。

生命力如此顽强的车前草，按说在人迹罕至的沃野之上应该生长得更为繁盛，奇怪的是，它反而非常少见。不知是它在生存竞争中打不赢其他草木呢，还是说它根本就是个爱与人相处的怪家伙。与其像日本人那样称它为踏迹植物，不如说它是个钟情人类的伴生植物。

实际上，当路而生大叶翻卷的车前草既不是傻瓜也不是受虐狂，当人或动物踩踏在它植株之上时，车前草种子中往往泌出黏液，就此附身于鞋底兽足或车轮之上，开启一段悠哉悠哉的新生旅行。

大叶长穗的车前草，叶上数道叶脉平行伸展，极易辨识。中国人按它的生长特性为其取名车前，日本人则常简单粗暴地称它为"大葉子"，西方人往往会在英文名 plantain 前特意加上一个 Chinese，以与英文名也是 plantain 的芭蕉属植物大蕉区分。

春日，车前草漫地初生，宽卵形大叶纤薄嫩绿，宛如一只跌落地面的青色汤匙。古人常采车前草嫩苗幼叶为食，故古时学者考证《诗经》植物时，大多认可《诗经》中"采采芣苢，薄言采之"中的芣苢即为车前草。

先秦人采车前草，或以之为蔬食，或因其有药效。现代人物质丰足，鲜食野菜。当今仍受青睐的只有荠菜、水芹等屈指可数的几种而已。据言，车前草叶苗凉拌炒食做饺子馅皆佳，但恐怕吃过它的人已经没有几个了。

开州午日车前子，作药人皆道有神。

惭愧使君怜病眼，三千余里寄闲人。

　　〔唐〕张籍《答开州韦使君寄车前子》

车 前

Plantago asiatica

车前科 / 车前属

藿香非药草

对于在夏季户外日头底下略晒就吃不消的易中暑人士来说，藿香正气水纵然具有不可言说之怪滋味，却是盛夏必备的护身恩物，有了它，就不至于饱受中暑头痛头晕之苦。

若因藿香正气水就对藿香感恩戴德，那就谢错了。铺开藿香正气水（丸、液）的说明书，就会发现上面赫然写着：广藿香。没错，应该被感谢的是与藿香同科异属的刺蕊草属植物广藿香（*Pogostemon cablin*），而不是藿香（*Agastache rugosa*）。

世间普遍认为藿香与广藿香皆可为药材，只是后者品质更佳。但自1985年版的《中国药典》始，药典中已只存广藿香之名而不再有藿香。从此，作为一株普通的植物，藿香一如其绿意盎然的日文名"川绿"，自在地活在山川之上，绿于旷野之中。

维基百科将藿香归于薄荷家族一员，其为数众多的英文名中有两个都带上了薄荷：Korean mint 和 Indian mint。藿香不仅叶形与薄荷有七分相似，茎叶也具芳香气味，若生长于阳光充足的湿润所在，芳香尤烈。

若因藿香正气水就对藿香感恩戴德，那就谢错了。

广布于东亚的藿香之所以被称为韩国薄荷，或因西方人仅知晓韩国以之入馔，用以制作煎饼和炖煎鱼类，是以见诸维基百科的藿香菜肴仅韩国料理而已。然而，用藿香做菜并非韩国人或印度人的专利，在什么都想拿来尝尝味道的中国人手里，藿香自然也不能逃脱被端上餐桌的命运。

以香草植物祛除鱼腥，四川人惯用藿香，美味川菜如藿香鱼、藿香田鸡、藿香蟹等等，维基百科竟然都不知道，真替它扼腕叹惜。

藿香，方茎有节，中虚，叶微似茄叶。

〔明〕李时珍《本草纲目》（节选）

藿 香
Agastache rugosa
唇形科 / 藿香属

179

随风曼轻摇，

露水润泽摄魂渺，一枝败酱草。

[日]松尾芭蕉《俳句》（节选）

败 酱
Patrinia scabiosifolia
忍冬科 / 败酱属

在中国默默无闻的田野小草败酱（*Patrinia scabiosifolia*），在日本却颇为知名，以"女郎花"的日文名字，与胡枝子、芒草、桔梗、瞿麦、葛、佩兰一起，被列为秋七草之一。日文中也有名为"败酱"的植物，却是指又名"男郎花"的攀倒甑（*Patrinia villosa*），又称白花败酱。

败酱之名，当然不是手下败将的误写，而是指腐败的酱味。顾名思义，败酱植株的味道应该不太好闻，古人说它"根作陈，败豆酱气，故以为名"。好笑的是，日本人也承认若将白花败酱插于花瓶，则散发出酱油腐败的气味，"女郎花同样"，就算换上黄花溢金的败酱，也一样没有什么好味道。即便如此，日本人依旧偏心眼地只将恶名给白花败酱使用，而称赞开着黄色花朵的败酱，有着"压倒美女的美丽"。

古人黄花白花一视同仁，皆称败酱，所以败酱在古书里，时而"顶开白花成簇"，时而"花黄根紫"。古时败酱又称苦菜，"败酱苦苣，并名苦菜，名同物异也"。毕竟，野草为蔬，鲜有不苦的，论起来只怕半数都可称为苦菜。现代小说《苦菜花》，就不知所指者何了。

说是小草，其实多年生的败酱长茎直立，高一米有余可与人齐，秋来，小如粟米的五瓣小黄花流金聚彩地密集于大伞房花序上，宛如云盖又似金伞，一枝高擎，声势十足。如果败酱花开遍野，应该可以与清明时节春光灿烂的油菜花田一较高下。

花色灿金亮黄的败酱的确明艳无匹，若说它有压倒美女之丽，不服气的花草树木一定很多。别的不说，中文别名也为女郎花的玉兰和辛夷，肯定心里有点小意见。

地榆花乱开

由盛夏至仲秋，野外草丛中，地榆花乱开，暗紫飘粉的穗状花序，有如加长加粗版的桑葚，长茎高挑，穗有短长粗细，错落疏阔，起起伏伏，远观点点花球凌空摇风，即便开在盛夏，也有一种秋花雅淡的画境。若值秋日，荒草斜阳之下，数茎地榆，衬以白茅、芦荻、狗尾草等正抽花吐穗的禾本科植物，更添几分秋情诗意。

折取地榆数茎归家插瓶，伺以清水或干脆悬为干花，可以欣赏许久，因为地榆如同千日红、青葙等植物一般，花序中的膜质苞片耐干难凋，可以说是天生的干花。

据言地榆叶片具黄瓜般的香味，因此得别称黄瓜香，西方人甚至以之制作沙拉。中国人也不是不吃它，除了入药和用根酿药酒外，地榆作为救荒野菜之一，也名列于明朝朱橚所撰的《救荒本草》中，只是吃法平淡无奇，几乎和其他野菜一般套路：嫩叶用开水氽烫去除苦味后加油盐调食。但是地榆一条中多了一句：无茶时，用叶作饮，甚解热。

明朝之前，人们似乎很迷信地榆，"何以得长寿？食石用玉豉"，玉豉即为地榆。两个名字的来由，古人说得清楚明白："其叶似榆而长，初生布地，故名，其花子紫黑色，如豉，故又名玉豉。"在多病易夭的古代，长寿之难得或远甚于富贵之难求，笃信食地榆可得长寿的古人，才会说出"宁得一斤地榆，安用明月宝珠"这样的话来。

因为地榆花穗耐看花期又长，当今园艺和插花市场，已能偶见园艺种地榆的身影。如果幸运地在市场上遇见地榆，捧一盆或一把归家，这种名中有大地的植物，真的会给水泥空间带来一缕连接大地的自然气息。

玉豉者，即地榆也。

又曰：宁得一把五加，不用金玉满车。

宁得一斤地榆，安用明月宝珠。

〔宋〕郑樵《通志》（节选）

地 榆

Sanguisorba officinalis

蔷薇科 / 地榆属

羊乳茎犹嫩，猪牙叶未残。

呼童聊小摘，为尔得加餐，

伏马卑三品，山雌慕一箪。

朝来食指动，苦菜入春盘。

〔宋〕王之望《龙华山寺寓居十首》

羊 乳

Codonopsis lanceolata

桔梗科／党参属

羊乳茎犹嫩

　　羊乳一词，是许多植物的别名，譬如沙参、枸杞、丹参、鸦葱，甚至某些榕树。不过并不是每一种都含有乳色汁液，有些是因形得名。例如全株并无白色乳汁的枸杞，古时之所以别称羊乳，多半是因椭圆浆果形状宛若母羊乳头。

　　日本人将羊乳取名为"蔓人参"，因羊乳藤本蔓生，亦因它根茎肥硕类似人参。羊乳归属于党参属，党参一名由来，是指生于上党地区的"人参"。在现代植物学分类里，党参沙参等名字中带参字的桔梗科植物，与真正的五加科植物人参没有半点关系，唯一的共性，大概是都有着肥大丰厚的地下根。

　　且不管羊乳是不是也有滋补功效，纯粹以一株植物来看，羊乳当得起美丽二字。它有着桔梗科常见的铃铛花，而且是精巧可爱的那种铃铛，作为铃身的萼筒曲线圆润，萼冠五裂

成五芒星模样，向外反折翻卷
出别致弧度。铃铛花朵内色深紫而斑
纹点缀其中，外色淡绿泛着乳白，下衬着
五枚花被，内藏着亦是五星形状的花蕊盘。风
过时，组队对生的两朵羊乳花，正如一双五星套五
星流光溢彩的铃儿，无声摇荡于野风中。

　　蔓藤攀缘的羊乳，如果植于庭园中，可依树腾空扯起一
条挂满铃铛的青色飘带，自其下走过，总会忍不住想要摘下
来摇一摇，看这漂亮的花朵是不是也拥有动听的声音。羊乳
花儿似铃，叶子也很有趣，常爱四枚成组结队簇生，因此又
得名四叶参。总而言之，就算羊乳一点参味也无，半点也不
滋补，光看着它，眼睛和心灵就已得到治愈。

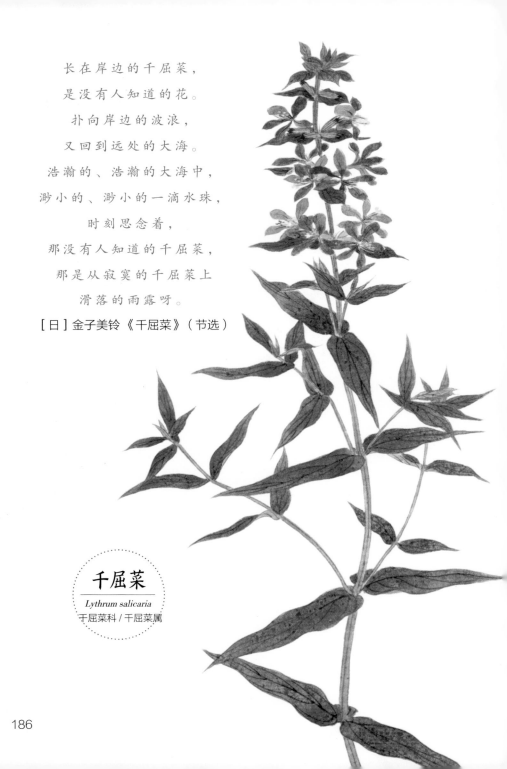

长在岸边的千屈菜，

是没有人知道的花。

扑向岸边的波浪，

又回到远处的大海。

浩瀚的、浩瀚的大海中，

渺小的、渺小的一滴水珠，

时刻思念着，

那没有人知道的千屈菜，

那是从寂寞的千屈菜上

滑落的雨露呀。

[日] 金子美铃《千屈菜》（节选）

千屈菜

Lythrum salicaria

千屈菜科 / 千屈菜属

在古中国，千屈菜只是百无一用的平凡杂草之一，既不被视为花，也鲜以之入药。只有贫苦人家，拿它当救荒野菜，吃法与众野菜一般无二，"救饥采嫩苗叶炸熟，水浸淘净，油盐调食"，只是众草多带苦味，而千屈菜特别标注"叶味甜"。

对活着已经需要拼尽全力的古人来说，观花赏草自是属于富贵闲人的事。而对于富贵闲人来说，佳花名卉已目不暇接，自然没有空闲对千屈菜这般旷野杂草予以青眼。于是，叶似柳叶而短小，梢间开红紫花，盛花时在池沼湿地湖畔江岸蒸腾起紫雾一片的千屈菜，注定在农耕时代埋名于荒野，寂寞开无主。

现代人若回到古代，见绕堤一带紫穗离离漫成花海，恐怕要脱口而出：薰衣草。确实，虽然千屈菜并无迷人香气，不似薰衣草那般芬芳馥郁，但在花之形色上毫不逊色，由一列簇生的聚伞花序组成的紫色穗花，较薰衣草更为浓密丰艳。它虽喜暖湿，却水旱咸宜，是以西方以之营造花境，既为湖畔水岸增色，亦为庭园篱落添彩。

在日本，它是祭祀亡者的盂兰盆节里常被使用的花朵，日文名为"禊萩"。禊字，在汉语里指春秋于水边举行的祓除不祥的祭祀活动，《兰亭集序》中"修禊事也"即如是，日文沿袭汉字本义。萩则是也开紫红色花朵的胡枝子的日文名。千屈菜花期盛夏初秋，盂兰盆节时正值繁花期，自然而然成为"节花"。

中文名里的千屈二字，来得有点莫名。现代学者夏纬瑛猜测说是"茜苣"两字的误读误写，指花色似茜而如苣可食。虽然并无文献可证，也是很有意思的一种猜想。

千屈菜并无迷人香气，但在花之形色上毫不逊色，较薰衣草更为浓密丰艳。

幻紫千屈菜

野有夏枯草

　　一位朋友的小学时代，村校的老师们常会布置奇怪的作业，比如有一度每天需交一把野菜到学校的饲养室，以喂兔子；又比如曾在暑假前的校会上亮出一株植物，要求众学生认准它如麦穗而略小且中有紫瓣点点的花穗，暑期归来每人缴纳一袋，此植物，即是夏枯草。

　　粤地有凉茶夏桑菊，制成颗粒剂，超市药店均有售，与板蓝根颗粒剂几乎齐名。夏桑菊，即夏枯草、桑叶、野菊花三味。村办小学让学生暑期采摘夏枯草果穗再集中售予药材公司，既能让暑期调皮捣蛋的学生亲近自然又能补贴紧张的办校经费，实在不失为一种两全其美的办法。学生与家长，并没有谁抱怨被学校免费压榨了劳动力。

　　花开的时候，夏枯草圆柱形花穗中会密密地吐出娇美可人的紫色唇形花，一小朵一小朵地环抱着赭绿花序，似乎都在调皮地吐着舌头齐声说：来揪我啊来揪我啊。没有一个孩童禁得起唇形花这种无声的引诱，一不小心，那朵纤小的紫花就成了掌心的猎物。

　　夏枯之名，因夏季花朵凋零之后，虽然叶犹青青，赭绿的花穗却变成如同枯萎一般的茶褐色果穗。古人解释说："春得金气而生，至夏火盛而死。"天生万物，春日皆得金气，夏时同逢火盛，纵使草木均感度夏艰难，却并非都会夏至即枯即死，更何况夏枯草果穗如枯但植株仍旧鲜活。是以，对于古人缺乏说服力的解释，只能一笑置之。

　　西方人似乎也知道夏枯草具药效，它的两个英文名字，一为 self-heal，一为 heal-all，不仅治愈自己，还可普度众生。作为药食两用的植物，夏枯草确实是自然创造的一种慈悲的存在。

188

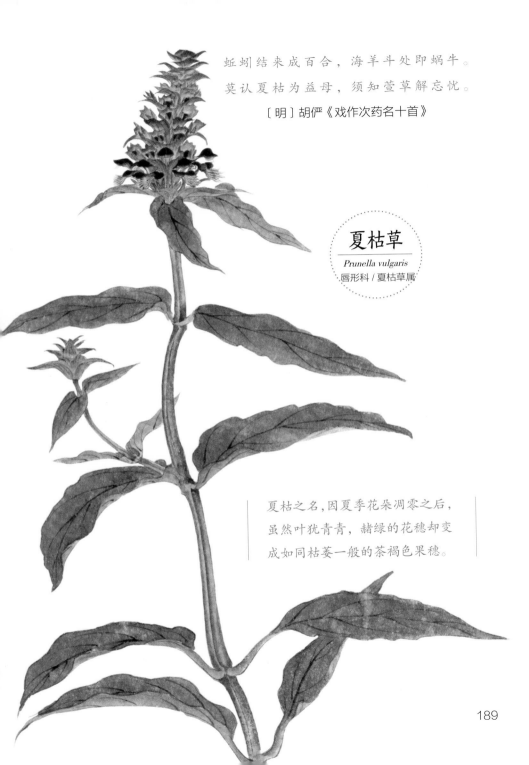

蚯蚓结来成百合，海羊斗处即蜗牛。
莫认夏枯为益母，须知萱草解忘忧。

〔明〕胡俨《戏作次药名十首》

夏枯草

Prunella vulgaris

唇形科 / 夏枯草属

夏枯之名，因夏季花朵凋零之后，虽然叶犹青青，赭绿的花穗却变成如同枯萎一般的茶褐色果穗。

189

若将群卉分高下，此种无因到画栏。

寒蝶不知红是叶，飞来犹作野花看。

〔宋〕薛嵎《和雁来红》

雁来红

Amaranthus tricolor 'Splendens'

苋科 / 苋属

张潮《幽梦影》云:"叶胜于花者,止雁来红、美人蕉而已。"此论,虽是一家之言,未免失之偏颇。但雁来红作为观叶植物中的元老级植物,在万卉齐芳众花竞秀的园艺世界里,确实做到了由古至今始终能屹立于园林庭院绿化带而不倒。

现代植物学将雁来红视为苋(*Amaranthus tricolor*)的变种,其变种加词 Splendens 有辉煌壮观之意。诚如杨万里诗句中所言,"若为黄更紫,乃借叶为葩",雁来红虽名中有红,却并非单一的红艳,往往黄绿红紫相间如花,五色斑斓,因此又有别称"十样锦"。

原产印度的雁来红,不知于何时舶来中华。文献可证的是,自宋时起,它就频频现身于诗人题咏中:"谁将叶作花颜色,更与春风迥不同","非花非叶艳茸茸,雁未来时已自红","为是非花能耐久,霜径夕阳迟"。文人墨客咏之,丹青画手也竞相绘之,大家齐白石、吴昌硕的画中,时见雁来红杂彩烂然的身影。

除十样锦之外,旧时雁来红尚有许多别称,无一不是佳名:秋色、汉宫秋、春不老、老少年等。好事的古人还为不同花色的雁来红分别取了名字:红者名雁来红,黄者名满庭芳,叶色错杂者名锦缠头,红紫黄绿相兼者名锦西风。

而今雁来红虽依然偶见于园林花境与街道绿化带中,较之往昔却已渐式微,繁华不再。雁来红叶从秋后变,夏末到深秋时节,才是最佳观赏时期,才会庭下相看锦一丛。在尚未疏疏密密缀新红的春夏际,它朴实无华的青色叶片实在无力与品种繁多的现代常青观叶植物竞争。

霜篱雁来红

谁将叶作花颜色,
更与春风迥不同。
非花非叶艳茸茸,
雁未来时已自红。

芭蕉开绿扇

窗前谁种芭蕉树？高枝潇洒，大叶舒展，绿意盈院，阴凉满庭，一丛芭蕉在户，能为宅院平添许多自然之色。是以林黛玉的潇湘馆，千竿翠竹之外，还有大株梨花兼着芭蕉；贾宝玉的怡红院，一边是西府海棠，红香乱吐，一边是数本芭蕉，绿玉翻卷，蕉棠两植，怡红快绿。

芭蕉可以长得很高，高到三四米，大约近于一层小楼的高度。然而它和长得更高的竹子一样，确实属于草本，是一株碧叶长阔的巨草。虽然芭蕉性喜温暖不耐酷寒，但在中国许多区域仍可于户外安度四季。在四季分明的长江流域，每值春夏，新雨既足，红了樱桃，绿了芭蕉。小户院落，篱边墙脚，芭蕉叶大栀子肥，翠叶泛光凝碧，满庭绿意，令人观之即感尘虑全无，心旷神怡。

若将芭蕉植于窗下，则芭蕉叶映纱窗翠，于暑热中分得室内人一眼青绿半室阴凉。喜听雨声的人，故意将它临窗而植，以期养得芭蕉听雨声，听它终夜作声清更妍。流落他乡满怀愁绪的游人如李清照就会嫌它点滴霖霪，愁损北人。"自是客边听不得，不关窗外有芭蕉"，草木只是被人类失火的情绪殃及的无辜池鱼而已。心上秋意合成愁的离人吴文英，连晴天的芭蕉也嫌弃起来：纵芭蕉，不雨也飕飕。

雨打芭蕉是有人喜听有人愁闻的现实有声画境，雪里芭蕉却被视为超现实的失真画作。"诗中有画，画中有诗"的王维，居于冬寒逼人的长安，却绘出了现实中应不可见的雪中绿蕉，从而饱受后世讥讽。且不说艺术与现实并不相等，借文借画抒情是常有之事，不必较真，更何况中国地大，在冬寒不算凌厉的江南地带，雪堆芭蕉之景，也并非不可见。

芭蕉

Musa basjoo

芭蕉科 / 芭蕉属

冷烛无烟绿蜡干，芳心犹卷怯春寒。

一缄书札藏何事，会被东风暗拆看。

〔唐〕钱珝《未展芭蕉》

芭蕉叶大栀子肥，

翠叶泛光凝碧，满庭绿意，

令人观之即感尘虑全无，心旷神怡。

伯兮朅兮，邦之桀兮。

伯也执殳，为王前驱。

自伯之东，首如飞蓬。

岂无膏沐，谁适为容？

〔先秦〕《诗经·伯兮》（节选）

飞 蓬

Erigeron acris

菊科 / 飞蓬属

飞蓬一草，最为常见，田间野隙，春来无处不是它披针形的小叶绿丛丛，夏际则随处可见它星星点点或紫或白的细碎小花，入秋后瘦果刚毛化为白绒漫天乱飞，周遭草木往往蒙上一层。

蓬之为物，根浅枝茂，经不得风雨。何因知劲草，霜陌尽飞蓬。疾风一吹，蓬草立时拔根而起，随风飞徙，辗转飘零，是为飞蓬。原本相伴而生的两株蓬草，一经离散，因缘巧合，或许有朝一日能因风重逢，故而蓬字中有个逢字。

古之文人游宦天下，一纸调令接在手，就不得不身不由己四处奔走。豁达者会说此心安处是故乡，悲观者则感怀身世，见草木而兴悲叹：飘零随处是生涯，断梗飞蓬但可嗟。蓬与飞蓬，渐渐不再仅指草木，而成为身轻人微和羁旅漂泊的代名词。时序去如流矢，人生宛如飞蓬，是旧式宦游文人最常发出的哀调。

虽是常见贱生的田间杂草，飞蓬之名，却源自典籍。"自伯之东，首如飞蓬"，在外的男人感慨颠沛流离的劳碌奔波，在家的女子亦需要忍耐久别相思的痛苦。于是，在交通不便动辄阔别累月经年的古代，男人们都活成了无根的飞蓬，而日晚倦梳头的女人们也都活成秋日里果毛杂乱的飞蓬模样。

> 疾风一吹，蓬草立时拔根而起，
> 随风飞徙，辗转飘零，是为飞蓬。

作为大地之上的一株轻微小草，飞蓬，虽然只在古诗句里才有着漂泊不定的存在感，但谁又能说它们繁花遍野时，那一片雪白或淡紫的花开，不是自然里一抹美丽的彩绣？

原隰多飞蓬

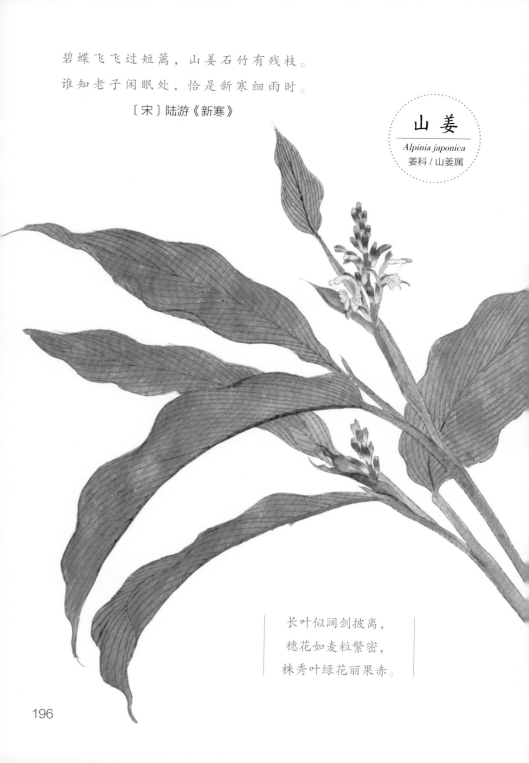

碧蝶飞飞过短篱，山姜石竹有残枝。

谁知老子闲眠处，恰是新寒细雨时。

〔宋〕陆游《新寒》

山姜

Alpinia japonica

姜科 / 山姜属

长叶似阔剑披离，

穗花如麦粒繁密，

株秀叶绿花丽果赤。

山姜发芳辛

　　华南小区或街道绿植中，常有观叶植物艳山姜（*Alpinia zerumbet*）。因是园艺育种，叶色已不再仅仅是单调的一味绿，往往翠中间黄，彩叶纷披，四季常青，很是堪赏。到得春夏花期，一支纤长花序自风姿楚楚的碧叶丛间挑出，碎粉裂雪，细花缀穗，予人以不仅叶美原来花亦上佳的意外惊喜。

　　艳山姜，是山姜属一种，既然以艳冠名，姿色自然远胜属中其他姐妹。可是，山姜属女儿均有好颜色，即便是最平凡普通的山姜，也株形潇洒，长叶似阔剑披离，穗花如麦粒繁密，株秀叶绿花丽果赤，不愧"东人呼为山姜，南人呼为美草"的美草之名。

　　古书里有杜若，为香草。古籍里或称杜若即山姜，又或称乃为高良姜。今日植物学定名为杜若的鸭跖草科植物，并无香味。故而，古之杜若，确实有可能是指气味芳辛的山姜属植物。不过，既然佳名已归他草，杜若这个名字，山姜还是忘了吧。

　　需要一提的是，杜若与山姜的日文名也非常类似，杜若为"薮茗荷"，山姜则是"花茗荷"，因为它们的叶形均与姜属的蘘荷（*Zingiber mioga*，日文名为"茗荷"）有三分相似。

　　山姜虽以姜入名，并不似姜属的姜（*Zingiber officinale*）那般根茎可供入馔调味，古人评定山姜"根不堪食"。归根到底，山姜还是宜于装点庭园的美草一株，静摇扶桑日，艳对瀛洲霞，在温暖南方的绿化带里或山林野地间，兀自美成一幅画。又或者，被喜爱它的人带回家，瓶水自养山姜花，成为案头一捧雅致清供。

韭莲风雨花

　　韭莲，又名红花葱兰，但它不是韭，不是莲，不是葱，也不是兰。原生美洲的它，在华夏境内甚至也不适合称为草，因它往往栖身于都市之中，并不是田野皆有的野草一株。但人们似乎也未曾将它当作观赏花卉，它就是存在于大城小市中不起眼的街道绿植，在四季的大部分时间里保持着绿色的沉默，偶尔被五谷不分的人们怀疑是否为一丛韭菜。

　　与韭莲同行，共同为城市街道增色的，还有与之同属、多开白色花朵的葱莲。草如其名，韭莲叶形似韭而略阔，葱莲狭线细叶窄如葱管。在英语世界里，葱莲属七十余种植物共享一连串动人的名字：fairy lily, rain flower, magic lily, rain lily。这也是为什么明明叶子长得不一样的多种植物，在某些为植物挂上名牌的场所里，它们竟同挂着"风雨花（兰）"的名片。

　　以风雨入名，因在暴雨过后的潮湿天气里，葱莲属的花开得分外繁密美丽。原生粉色的韭莲与白色的葱莲，盛花期在夏季和早秋，园艺品种养护得当，也会四季零星开放。葱莲属的属名词 *Zephyranthes* 中的 zephyr 源自希腊语里西风之神的名字，虽然它也被称为 zephyr lily，但却不是百合科的西风百合，而是与石蒜一起于秋日西风中竞秀的石蒜科植物。

　　在长江流域，九月末石蒜放花时，正是葱莲韭莲最盛的时候，曾见一户人家门前庭院，红花石蒜一围孤挺，圈着粉花韭莲星光匝地。韭莲叶茂花密，繁花照眼，开得喜气洋洋，开朗灿烂，令四围那一圈没有绿叶相衬的孤单石蒜也一扫凄楚孤绝，两种气质迥异的石蒜科植物，就此构成关系和谐的最佳组合，互相掩映出一园不逊于春光的秋色。

孩提时，我将玫瑰色的小小韭莲花

视为夏天的标志与印记。

［美］伊丽莎白·劳伦斯《南方花园》（节选）

韭 莲

Zephyranthes carinata

石蒜科 / 葱莲属

其草一茎，茎头四叶，

　叶隙着白花。

　好生山谷阴虚软地，

　根似细辛而黑，有毒。

〔宋〕唐慎微《证类本草》（节选）

及 己
Chloranthus serratus
金粟兰科 / 金粟兰属

银线草
Chloranthus japonicus
金粟兰科 / 金粟兰属

及己一人静

及己一茎四叶，穗状花序自叶间挑出，或孤单一枝，或再裂分为两或三。它有别名"四叶一枝花"，其实真正只有孤单一枝花穗的，并不是及己，而是它的同属姐妹银线草。

及己这个名字，虽然很特别也很古雅，却意味不明。惯于为植物列出长串别名的李时珍，在及己名下列出别名"獐耳细辛"，但连"先开白花，后方生叶三片"的特征也描述得更接近獐耳细辛，看来他老人家不仅不知道及己因何而得名，而且压根就不知道及己长什么样子。

中文名不知由来，日文名却很有意境。及己花穗往往不止一支，故名"二人静"，银线草就自然而然顺理成章为"一人静"。一二两字易解，静字，是日本古小说《平家物语》里历史人物静御前的名字。作为源义经的爱妾，被擒的静曾被迫在敌人源赖朝面前起舞。一穗白花风中摇摆的银线草，与一袭白衣形单影只地跳着白拍子舞的静，因为形神相似，才得了"一人静"这个让中国人看了觉得极富禅味诗韵的名字。

与李时珍描述错误的"先开白花"不同，及己先叶后花，银线草则时或花叶同行。初春抽出沁紫新茎，未几四片嫩叶绽绿，两两对生，青润可爱。因为四叶太过醒目且富于标志性，也得了如四块瓦、四叶箭甚至四大天王这样的俗名。

晚春初夏，及己茎上几缕干净素淡的小小白色花穗，安安静静地挂出来，碧叶翠茎上方，缀着点点米粒大的雪点，细细瘦瘦，观之令人心静。至于日文别名又为眉刷草的银线草，则花丝有如雪线，此扬彼抑，与日本白拍子舞蹈的舞姿确有三分相似。

绘者介绍

　　毛利梅园（1798—1851），日本江户后期博物学家。本名元寿，别号梅园、写生斋等。诞生于江户筑地。二十余岁开始热衷博物学，有大量精美的动植物写生存世。

　　《梅园草木花谱》分为春夏秋冬全十七帖，共收录1275品植物。毛利梅园的作品因其实物写生的特点，成为了解动植物的上佳资料，又因其构图与色彩之美，令其足以作为艺术品供人欣赏。

图书在版编目（CIP）数据

草色入帘青/徐红燕著;（日）毛利梅园绘. —上海：上海科技教育出版社,2021.4（2024.2重印）

（草木闲趣书系）

ISBN 978-7-5428-7488-7

Ⅰ.①草… Ⅱ.①徐… ②毛… Ⅲ.①草本植物—普及读物 Ⅳ.①Q949.4-49

中国版本图书馆CIP数据核字（2021）第035411号

责任编辑　王怡昀
封面设计　Dr.HOW
版式设计　曾　刚　陈　丹

草木闲趣书系

草色入帘青

徐红燕　著

［日］毛利梅园　绘

出版发行　上海科技教育出版社有限公司
　　　　　（上海市闵行区号景路159弄A座8楼　邮政编码201101）
网　　址　www.sste.com　www.ewen.co
经　　销　各地新华书店
印　　刷　上海颛辉印刷厂有限公司
开　　本　890×1240　1/32
印　　张　6.75
版　　次　2021年4月第1版
印　　次　2024年2月第7次印刷
书　　号　ISBN 978-7-5428-7488-7/G·4392
定　　价　68.00元